中国少儿知识小百科

# 植物城堡

Zhiwu Chengbao

方辉 主编

山东大学出版社

图书在版编目（CIP）数据

植物城堡 / 方辉主编．—济南：山东大学出版社，
2017.1
（中国少儿知识小百科）
ISBN 978-7-5607-5435-2

Ⅰ．①植…　Ⅱ．①方…　Ⅲ．①植物－少儿读物
Ⅳ．① Q94-49

中国版本图书馆 CIP 数据核字（2015）第 305990 号

责任策划：黄福武
责任编辑：唐　棣
封面设计：张　荔

---

出版发行：山东大学出版社
社址　山东省济南市山大南路 20 号
邮编　250100
电话市场部（0531）88364466
经销：山东省新华书店经销
印刷：山东新华印务有限责任公司
规格：787 毫米 ×1092 毫米　1/16
7 印张　162 千字
版次：2017 年 1 月第 1 版
印次：2017 年 1 月第 1 次印刷
定价：20.00 元

---

# 出版人语

书籍是人类进步的阶梯，同学们在这条阶梯上攀登时，你们的脚步更多地承载着家庭和社会的希望和未来。

《中国少儿知识小百科》丛书紧紧围绕新课程标准进行设计和编写，根据广大同学的阅读水平和思维能力，侧重可读性、趣味性和拓展性，涉及10个学科门类，包括动物、植物、科学、艺术、民俗、体育、天文、地理、历史、军事等方面的有用和有趣知识，内容全面，通俗易懂。本丛书共设3000多个条目，并附有3000多幅相关插图，让大家在阅读时产生浓厚兴趣，增加知识，开拓视野，提高思维能力和语言能力。

本丛书将引领读者朋友游览《动物王国》，访问《植物城堡》，仰望《天文奇观》，俯视《地球家园》，参观《艺术长廊》，历数《民俗大观》，漫步《历史博览》，访问《科学驿站》，阔论《军事纵横》，走进《体育世界》，探索科学知识，认识大千世界。其中穿插的“洋话天天说”“诗词贝贝乐”“思维对对碰”“肚皮笑笑破”“我来考考你”等栏目，可拓展知识面，增加趣味性，生动活泼，寓教于乐，把学习知识、激发兴趣、培养能力融为一体，让大家更加积极主动地去探索奇妙的世界。

本丛书体例新颖，内容丰富，既收纳了各学科的基本知识点，又融入了各学科的新发现和新成果。在语言的叙述和表达上，力求生动活泼，深入浅出，把人类的常识和深奥的哲理与同学们熟悉的事物联系起来，引领读者朋友由近及远，由表及里，从已知到未知，迈开探索的脚步勇敢地进入科学知识的广阔天地。

《中国少儿知识小百科》丛书是一个集知识性、趣味性、益智性、拓展性、实用性于一体的适合广大同学阅读的百科知识宝库。同学们，让我们一起开始充满乐趣和惊奇的“寻宝”之旅吧！

# 《中国少儿知识小百科》丛书
## 编 委 会

# 目录

# 第一章 认识植物

植物占据了地球生物圈面积的大部分，它们构成了一个庞大、复杂的世界。从一望无际的草原到广阔的江河湖海，从赤日炎炎的沙漠到冰雪覆盖的极地，处处都能看见植物的身影。植物是人类的好朋友，不仅给人类提供了生存必需的氧气，还给人类提供了食物和能量。所以，我们一定要好好了解一下这位好朋友哦。

## 植物家族

植物家族覆盖着地球陆地表面的绝大部分，并且在海洋、湖泊、河流和池塘中也是如此。它们的大小、寿命相差很大——从微小的、肉眼看不见的藻类直到海洋中的巨藻和陆地上庞大的、寿命超过几千年的北美红杉。植物在自然界生物圈里各种大大小小的生态系统中是不可或缺的，与人类的关系极为密切。

### 什么是植物

同学们，你能说出几种植物？你知道什么是植物吗？植物细胞里有叶绿素、基质、细胞核、细胞壁，能进行光合作用，能将无机物转化为有机物（有些特例不能将无机物转化为有机物，有些没有叶绿素，有别的光合作用元素）。植物没有神经系统，没有感觉，所以你拍打它，它也不会感觉疼。

**乌衣巷**

刘禹锡

朱雀桥边野草花，乌衣巷口夕阳斜。
旧时王谢堂前燕，飞入寻常百姓家。

植物有 30 多万种，分为藻类、地衣、苔藓、蕨类和种子植物，种子植物又分为裸子植物和被子植物。

植物是适于陆地生活的、多细胞的、进行光合作用的真核生物，由根、茎、叶组成，表面有角质膜，有气孔、输导组织和雌（雄）配子囊，胚在配子囊中发育。简单地说，植物就是能进行光合作用，将无机物转化为有机物的一类自养型生物。

## 植物的起源

你知道吗？距今大约25亿年前（元古代），植物就出现了。最早出现的植物属于菌类和藻类，藻类植物曾经非常繁盛，后来绿藻摆脱了水域环境的束缚，登陆大地，进化为蕨类植物。

3亿6000万年前（石炭纪），蕨类植物衰落，代之而起的是石松类、楔叶类、真蕨类和种子蕨类，形成沼泽森林。

2亿4800万年前（三叠纪），古生代盛产的主要植物几乎全部灭绝，而裸子植物开始兴起并进化出花粉管，完全摆脱了对水的依赖，形成了茂密的森林。

1亿4000万年前白垩纪开始的时候，更新、进化更完善的被子植物就已经从某种裸子植物当中分化出来。

进入新生代以后，蕨类植物因缺乏适应性而进一步衰落，裸子植物也因适应性的局限而开始走下坡路。这时，被子植物在遗传、发育的许多过程中以及茎叶等结构上的进步性，尤其是它们的花这个繁殖器官所表现出的巨大进步性发挥了作用，使它们能够通过本身的遗传变异去适应那些变得严酷的环境条件，进而发展得更快，分化出更多类型。

**洋话天天说**

A：This is my good friend. Do you know him?
B：Yes, we saw each other somewhere.
A：这是我的好朋友。你认识他吗？
B：是的，我们在某个地方彼此见过。

## 植物界的分类

植物界和其他生物类群的主要区别是含有叶绿素，能够进行光合作用，自己可以制造有机物。它们绝大多数是固定生活在某一环境中，不能自由运动（少部分低等藻类除外）；细胞具细胞壁；细胞具全能性，即由1个植物细胞可培养成1个植物体。

植物界分为若干个大的类群，即植物的门。由于分类依据不同，所以分门的数目也各不相同，有16个门的，也有18个门的。

人们根据植物的某些共性，将具有某些共同特征的门分成更大的类群。根据进化的规律，可分为藻类、菌类、地衣、苔藓、蕨类、裸子、

被子；根据繁殖方式，可分为孢子植物和种子植物；根据花的有无，分为显花植物和隐花植物；根据受精卵发育是否离开母体，分为有胚植物和无胚植物；根据植物体有无颈卵器，分为颈卵器植物和无颈卵器植物；根据维管束的有无，分为维管植物和无维管植物；根据有无器官分化，分为低等植物和高等植物。

## 植物的重要性

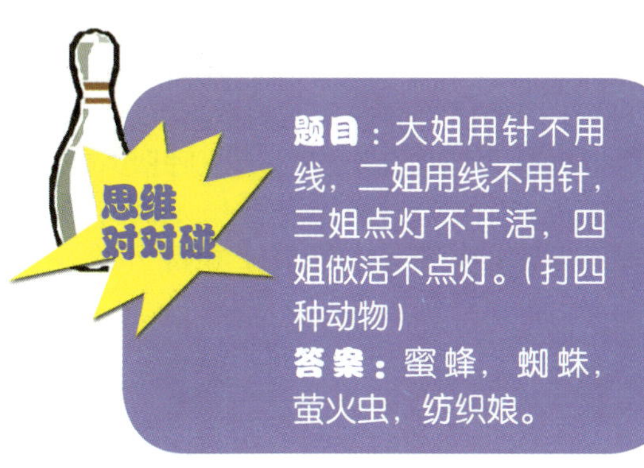


植物与人类的关系是密不可分的，在日常生活中随处可见植物的踪影。植物是人类不可或缺的一项宝贵资源，没有了植物，这地球基本就没有了生机。自古以来，植物一直在默默地改善和美化着人类的生活环境。我们所吃的粮食和蔬果来自植物，身上的棉麻衣服来自植物，我们阅读书籍的纸张来自植物……植物给人类提供的资源之多，超乎你的想象。

总之，我们的衣食住行都离不开植物。同时，植物还给人们带来了巨大的经济价值。有许多植物还具有药用价值，对维护人类的健康很重要。树木还可以保持水土、防风固沙、净化空气，甚至可以对气候产生影响，对生态环境亦具有重要作用。此外，植物还具有科研、美学等诸多价值。在我们生活中，植物的重要性不言而喻。

## 植物的光合作用

直到 18 世纪中期，人们还以为植物体内的全部营养物质都是从土壤中获得的，并不认为植物体能够从空气中得到什么。1771 年，英国科学家普利斯特利发现，将点燃的蜡烛与绿色植物一起放在一个密闭的玻璃罩内，蜡烛不容易熄灭；将小老鼠与绿色植物一起放在玻璃罩内，小鼠也不容易窒息而死。由此，他得出了植物可以更新空气的结论。

经过许多科学家的实验，人们才逐渐发现绿色植物能利用光提供的能量，吸收二氧化碳和水分，在叶绿体中合成淀粉等有机物，并且把光能转变成化学能，储存在有机物中，同时释放出氧气。这个过程就是人们常说的“光合作用”。

光合作用几乎为所有生物的生存提供了物质来源和能量来源。因此，光合作用对于人类和整个生物界都具有非常重要的意义。

有两个女学生像麻雀一样叽叽喳喳地说个不停，听烦了的老师嚷道："别说了，别说了，两个女子等于一百只麻雀。"小凡把老师的这句话暗暗记在心里。不久，老师的夫人来到学堂要找他。小凡赶紧跑来报告："亲爱的老师，外面有五十只麻雀来找您。"

## 植物的呼吸作用

同学们，我们每天都要呼吸，植物也一样需要呼吸。呼吸作用是高等植物代谢的重要组成部分，与植物的生命活动密切相关。植物通过呼吸作用将物质不断分解，对植物体内的各种生命活动所需能量和合成重要有机物的原料的提供有重要作用，同时还可增强植物的抗病力。呼吸作用是植物体内代谢的枢纽。

呼吸作用根据是否需要氧，分为有氧呼吸和无氧呼吸两种类型。在正常情况下，有氧呼吸是高等植物进行呼吸的主要形式，但在缺氧条件下和特殊组织中植物可进行无氧呼吸以维持代谢的进行。

植物呼吸代谢受内外多种因素的影响。呼吸作用影响着植物生命活动的进行，因而与作物栽培、育种和种子、果蔬、块根、块茎的储藏及切花保鲜有着密切的关系。

## 植物的蒸腾作用

蒸腾作用是水分从活的植物体表面（主要是叶子上）以水蒸气状态散失到大气中的过程。与物理学的蒸发过程不同，蒸腾作用不仅受外界环境条件的影响，而且还受植物本身的调节和控制，因此它是一种复杂的生理过程。

植物幼小的时候，暴露在空气中的全部表面都能蒸腾。长大后，茎枝形成木栓，这时虽然茎枝上的皮孔可以蒸腾，但是皮孔的蒸腾量极小（约占 0.1%）。植物的绝大部分蒸腾作用是在叶片上进行的。

蒸腾作用是植物吸收和运输水分的主要动力，可加速无机盐向地上部分运输的速率，还可降低植物体的温度，使叶子在强光下进行光合作用而不致受害。

## 植物细胞的构成

植物界的种类形形色色、千差万别，但就植物体的构造来说，植物都是由细胞构成的。单细胞的低等植物，一个细胞就代表一个个体，一切生命活动，包括新陈代谢、生长、发育和繁殖，都由一个细胞来完成；复杂的高等植物，一个个体是由无数个细胞构成的，细胞之间存在机能上的分工和形态结构上的分化，它们彼此依

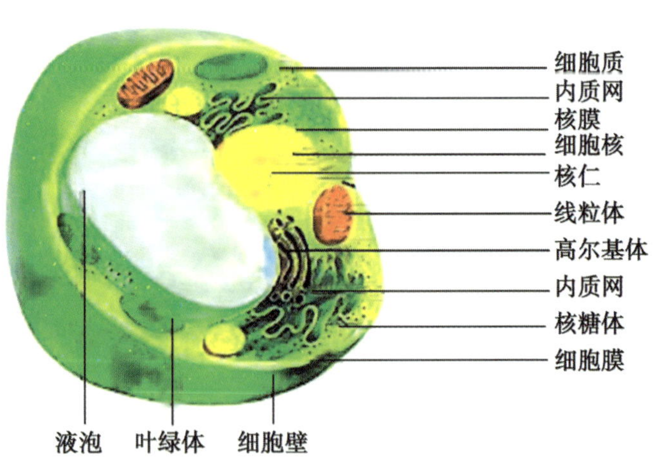

存、相互协作，共同保证整个有机体正常生命活动的进行。

植物细胞的形状、大小多种多样，各不相同，但基本结构是一样的：由细胞壁、细胞膜、细胞质、细胞核组成。细胞质包括细胞质基质和细胞器。细胞器包括：内质网、线粒体、高尔基体、核糖体、溶酶体、叶绿体、液泡。

植物细胞的结构复杂而精巧，各种结构组分配合协调，使生命活动能够在变化的环境中自我调控、高度有序地进行。

我来考考你

1. 你知道植物的光合作用是怎么进行的吗？
2. 植物细胞的形状、大小多种多样，各不相同，但基本结构是一样的。由______、______、______、______组成。

# 植物的六大器官

同学们，我们人体有诸多器官，植物也有器官。绿色开花植物的植物体是由六大器官组成的，即营养器官——根、茎、叶和生殖器官——花、果实、种子。根的主要功能是固定植物，从土壤中吸收水和无机盐类；茎的主要功能是运输水分、无机盐和有机营养物质到植物体的各部分，同时又有支持枝叶、花和果实的作用；叶的主要功能是进行光合作用和蒸腾作用；花具有雄蕊和雌蕊，主要为繁殖后代做准备；果实保护种子，并贮藏营养物质；种子是植物传宗接代的工具，可发育成新植物体的幼体。

## 固持植物体的根

同学们，我们常说“无源之水，无本之木”，“无本之木”就指没有根的树，比喻没有基础的事物，不会有长久的发展，可见根对植物的重要作用。植物的根是植物的营养器官，通常位于地表下面，负责吸收土壤里面的水分及溶解在水中的离子，并且具有支持、贮存合成有机物质的作用。根的主要功能为固持植物体，吸收水分和溶于水中的矿物质，将水与矿物质输导到茎，以及储藏养分。许多植物的地下构造本质上为特化的茎（如球茎、块茎），根与之不同的地方主要在于缺少

叶痕与芽，具有根冠，分枝由内部组织产生而非由芽形成。

植物的根分为根尖结构、初生结构和次生结构三部分。植物的根总是向下生长。仔细观察可以发现，不论种子在土壤中是正是斜是倒，根出来之后永远向下长，芽茎出来永远向上长。即使把一个发了芽的种子倒过来埋进土里，它的根也很快就变得弯曲向下。

出塞

王之涣

黄河远上白云间，一片孤城万仞山。
羌笛何须怨杨柳，春风不度玉门关。

## 支撑植物体的茎

植物的茎由种子植物中种子的胚芽发育而来，是植物体的中轴部分，具有输导营养物质和水分以及支持叶、花和果实在一定空间的作用。有的茎还具有进行光合作用、储藏营养物质和繁殖的功能。

植物的茎通常直立或匍匐，茎上生有分枝，分枝顶端具有分生细胞，可进行顶端生长。茎上着生叶的位置叫“节”，两节之间的部分叫“节间”。植物的茎一般分化成短的节和长的“节间”两部分。

大多数种子植物茎的外形为圆柱形，也有少数植物的茎是其他形状，如莎草科植物的茎呈三角柱形，唇形科植物茎为方柱形，有些仙人掌科植物的茎为扁圆形或多角柱形。另外，在木本植物茎上，还可以看到芽鳞痕，即树苗或枝条每年芽发展时芽鳞脱落的痕迹，通过它可以计算出树苗或枝条的年龄。

## 多种多样的叶子

叶子是高等植物的营养器官，侧边发育自植物的茎的叶原基。同学们，我们常说红花绿叶，就是说多数植物的叶子都是绿色的。为什么呢？因为叶内含有叶绿体，是植物进行光合作用的主要器官。同时，植物的蒸腾作用也是通过叶子上的气孔实现的。

各种植物的叶子形态多种多样，但它们都是由叶片、叶柄和叶托（托叶）构成的。完整含有叶片、叶柄和叶托的叶子称“完全叶”。有些植物的叶子没有叶托，还有的叶子没有叶柄，也有个别植物的叶子没有叶片。

A：Who’s that boy over there?
B：It is a new comer. Sorry, I don’t know.
A：那边的那个男孩是谁？
B：是一个新来的。对不起，我不认识。

世界上找不出两片完全相同的叶子。植物的叶子各种各样，如鳞形、披针形、楔形、卵形、圆形、镰形、菱形、匙形、扇形、提琴形、肾形等。叶子不光形状不同，各种形状的边缘也不同，叶子的边缘称“叶裂”。为了适应环境，一些植物的叶子发生了变态，最典型的属仙人掌了：为了保存体内的水分，节制蒸腾作用，它们的叶子退化成了细小的针状叶。

## 五颜六色的花朵

花是被子植物的繁殖器官，其生物学功能是结合雄性精细胞与雌性卵细胞以产生种子。

同学们，你观察过花吗？一朵完整的花包括六个基本构成部分：花梗、花托、花萼、花冠、雄蕊群、雌蕊群。这六个部分中，花梗和花托相当于枝的部分，其余四部分相当于枝上的变态叶，常合称为“花部”。一朵四部俱全的花被称为“完全花”，缺少其中的任一部分则被称为“不完全花”。

**题目**：像只大蝎子，抱起似孩子，抓挠肚肠子，唱出好曲子。（打一种乐器）

**答案**：琵琶。

花是种子植物的有性繁殖器官，可以为植物繁殖后代。花形成的时期和方式是由植物内在的遗传基因所决定的。植物只有完成营养生长，并在某种外界环境下，达到一定的生殖阶段时，才能形成花。根据花的不同类型，花器官可呈螺旋顺序向顶端生长；或者某一种器官（如花瓣），在同一水平上形成一轮或两轮，然后另一器官如雄蕊群，紧接着发生。

## 种类繁多的果实

植物的果实是被子植物的花经传粉、受精后，由雌蕊的子房或有花的其他部分参加而形成的具有果皮及种子的器官。

果实的种类繁多，果皮的结构也各不相同。果皮可分为外果皮、中果皮和内果皮。在自然条件下，也有不经传粉受精而结实的，这种果实没有种子或种子不育，故称“无子果实”。如无核蜜橘、香蕉等。此外，未经传粉受精的子房由于某种刺激（如萘乙酸或赤霉素等处理）形成的果实（如番茄、葡萄）也是无种子的果实。

淘淘上学不久，有一天回到家高兴地对爸爸说："爸爸，今天老师教我们算术了，我学会了加减法。"

"是吗？那么我来考考你：如果你哥哥手里有六块糖，你从他手中拿走五块，会留下什么？"爸爸兴奋地问他。

淘淘立刻摸了摸脸蛋，回答说："还会留下什么？会在我脸上留下哥哥的五个手指印。"

根据果实来源，可分为单果、聚合果、复果三大类。果实生长发育的过程中，除了形态与结构上的变化外，还伴随有复杂的生理生化的变化，其中肉质类果实的变化尤为明显。

我们常吃的果实，如苹果、桃、柑橘和葡萄等，它们富含葡萄糖、果糖与蔗糖，以及各种无机盐、维生素等营养物质。这些果实不仅可以鲜食，而且还能加工成果制品。此外，一些果实或果实的一部分还可以入药。

## 无处不在的种子

同学们对种子并不陌生吧？我们吃的葵花籽就是向日葵的种子。种子是裸子植物和被子植物特有的繁殖体，它由胚珠经过传粉受精形成。种子一般由种皮、胚和胚乳三部分组成，有的植物成熟的种子只有种皮和胚两部分。

种皮是种子的"铠甲"，起着保护种子的作用。胚是种子最重要的部分，可以发育成植物的根、茎和叶。胚乳是种子贮存养料的地方，不同植物的胚乳中所含养分各不相同。

因种类的不同，种子的大小、形状、颜色也各不相同。椰子的种子很大，芝麻的种子较小，兰科植物的种子则更小。蚕豆种子为肾脏形，豌豆种子为圆球状，花生种子为椭圆形，瓜类的种子多为扁圆形。种子颜色以褐色和黑色为多，但也有其他颜色，例如豆类种子就有黑、红、绿、黄、白等颜色。种子的表面有的光滑发亮，有的暗淡或粗糙。

种子与人类生活关系密切，除日常生活必需的粮、油、棉外，一些药物（如杏仁）、调味品（如胡椒）、饮料（如咖啡）都来自种子。植物、大树、花草、菌类也是种子繁殖而来，在自然界中种子无处不在。

### 我来考考你

1. 植物有哪六大器官？
2. 根据果实来源，可分为 ______、______、______ 三大类。

# 植物生长与环境

每一种生物都有适合其生活的环境，植物也不例外。植物生长与光照、土壤、水分、温度、养分、气候环境息息相关。下面我们就来看一下它们究竟在植物的生长过程中起着什么作用。

## 不可或缺的光照

万物生长靠太阳，光照是植物生长发育的重要影响因素之一，是绿色植物生存的必要条件，是植物的生命之源。如果植物缺乏光照，就无法进行光合作用，就会造成植物生长发育没有物质来源和物质保障。

所以，植物要保证拥有足够的光照。当然，根据植物的不同，所需要的光的强度、光照时长和光质也不同。只要满足了它们自身的生长发育需求的光照就是充足的，切不可自以为充足的光照就是每天强光照射。要为不同植物选择不同的光照，要适度，过犹不及，太少也不行。

## 要有充足的水分

就像我们要喝水一样，植物生长也需要有充足的水分，否则就无法生存。在植物生长的过程中，需要不断地从周围环境中吸收水分，以满足其正常生命活动的需要。不同的植物、同一植物的不同部位，植物组织的含水量是不同的。

由于植物对环境中水分的要求不同，经过长期的适应和自然选择，便有了旱生植物、陆生植物和水生植物的划分。

随着植物的生长环境在不断地变化，作为一种适应机理，在不同的生长状态下，植物体内的水分以不同的状态存在，并发挥着相应的生理功能。

## 需要适宜的温度

植物生长要求有一定的温度条件，植物的生长和繁殖要在一定的温度范围内进行。

**夜飞鹊**

周邦彦

河桥送人处，良夜何其？斜月远堕余辉。铜盘烛泪已流尽，霏霏凉露沾衣。相将散离会，探风前津鼓，树杪参旗。花骢会意，纵扬鞭、亦自行迟。　迢递路回清野，人语渐无闻，空带愁归。何意重经前地，遗钿不见，斜径都迷。兔葵燕麦，向残阳、影与人齐。但徘徊班草，欷歔酹酒，极望天西。

高于最高温度或低于最低温度都会引起植物的死亡。最高温度与最低之间有一最适温度。

不同种类的植物能忍受的最高温度是不一样的。一般说来，被子植物能忍受的最高温度是49.8℃，裸子植物是46.4℃。有些荒漠植物，如生长在热带沙漠里的仙人掌科植物在50～60℃的环境中仍然能生存。温泉中的蓝藻能在85.2℃的水中生活。

不同种类的植物能忍受的最低温度也是不一样的。热带植物生长的最低温度一般是10～15℃；温带植物生长的最低温度为5～10℃；寒带植物在0℃，甚至低于零摄氏度仍能生存。

在最适温度范围内植物生长繁殖得最好。不同地带的植物需要的最适温度的范围是不同的。热带植物生活最适温度范围多在30～35℃；温带植物多在25～30℃；而寒带植物的最适温度一般稍高于0℃。

**洋话天天说**

A：What does your father do？
B：He is a doctor.
A：你父亲是做什么的？
B：他是一名医生。

**思维对对碰**

**题目**：不怕细菌小，有它能看到，化验需要它，科研不可少。（打一种光学仪器）
**答案**：显微镜。

**肚皮笑笑破**

学校里老师让学生们各画一张画，晶晶因忘了带笔，交了一张白纸。

“晶晶，你画的画呢？”老师问。

“这就是我画的画。”晶晶指着老师手里的白纸说。

“那么你画的是什么？”老师又问。

“我画的是驴在吃草。”晶晶回答道。

“那你画的草呢？”老师问。

“草被驴吃光了。”晶晶回答说。

“那么驴呢？”老师又问。

“驴吃完草走了。”晶晶回答说。

## 提供肥力的土壤

同学们，我们知道，植物要扎根于土壤，所以土壤对植物很重要。土壤及时满足植物对水、肥、气、热要求的能力，称为“土壤肥力”。肥沃的土壤能同时满足植物对水、肥、气、热的要求，是植物正常生长发育的基础。土壤中贮存着丰富的营养物质和微生物，能够源源不断地供给植物生长发育的养料，同时它还起到固定植株的作用。土壤的通气情况、温度高低、含水量大小以及肥力、酸碱度等因素的不同会直接影响到植物的生长。

## 影响植物的气候

我们生活在不同地区，每个地区有不同的植物，这是因为植物生长与气候变化有很大的关系。气候变化对不同种类的植物分布范围会产生不同的影响。如果气候变化引起气候要素变化超出植物适应的范围，分布在一定范围的植物就不再适宜在此地生长。也就是说，不同植物分布特征及适宜气候要素范围不同导致在气候变化后改变趋势不同。

另外，由于气候的变化，降水量过低或过高也可能会使植物不再适宜，不同植物适宜降水量范围差异也会引起气候变化后其分布范围改变趋势不同。

此外，气候综合指标不适宜也会限制一些植物的分布。当然，气候要素空间不均匀性和复杂地形的影响也会影响植物的分布范围。正是因为自然环境的气候越变越恶劣，很多植物都正濒临灭绝。

## 生长必需的养分

同学们，我们成长需要养分，植物也一样需要养分。植物生长需要吸收水、二氧化碳、氧气、矿质元素和氮元素。植物从环境中吸收来的营养物质，一部分作为自身的结构物质，一部分参与酶促反应、能量代谢和各种生理调节作用。

植物生长所必需的营养元素称“必需营养元素”，它是完成植物生命周期所不可缺少的，如果缺乏这些必需的营养素，植物将呈现营养缺乏症，直接影响植物营养的效果。

依据植物对各种营养元素需要的多少不同，将植物生长必需营养元素划分为大量元素和微量元素两大类。各营养元素都有独特的生理功能，对植物的生长起着不同的作用。任何一种营养元素的缺乏都会对植物的生长产生影响，使植物表现出特定的性状。

### 我来考考你

1. 说一说，植物生长都需要哪些养分？
2. 热带植物生活最适温度范围多在______，温带植物多在______，而寒带植物的最适温度一般稍高于______。

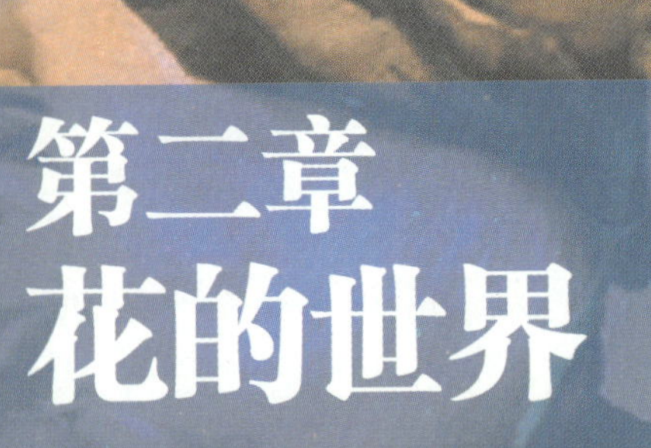

# 第二章 花的世界

花是美的化身，花让人赏心悦目，花能够沁人心脾，花能清新空气，花还可以保健我们的身体。有花的地方总是让我们心情愉悦，有花的地方总会有爱与温暖。不同的花卉，其生物特性各不相同，根据这些不同，我们习惯上常把花卉分为木本花卉和草本花卉。无论是木本花卉还是草本花卉，都给大自然增添了无尽的生机和活力。在花的世界里有许多神奇的秘密，只要我们仔细地观察，就会发现很多乐趣。下面，就让我们一起走进花的世界吧！

## 常见木本花卉

一些花卉的茎，木质部发达，称“木质茎”。具有木质茎的花卉，叫作“木本花卉”。木本花卉主要包括乔木、灌木、藤本三种类型。乔木类主干和侧枝有明显的区别，植株高大，多数不适于盆栽。灌木类主干和侧枝没有明显的区别，呈丛生状态，植株低矮、树冠较小，其中多数适于盆栽。藤本类一般枝条细弱，不能直立，通常为蔓生。下面我们就去好好了解一下那些常见的木本花卉吧。

### 香飘万家的桂花

同学们，我们常听说“八月桂花香”，桂花真的很香吗？桂花属木樨科常绿灌木或乔木，高可达10米，树冠圆球形。桂花的花冠有乳白、黄、橙红等颜色，香气非常浓。桂花的品种很多，常见的有四种：金桂、银桂、丹桂和四季桂。果实是紫黑色核果，俗称“桂子”。桂花原产我国西南和中部，现广泛栽种于长江流域及以南地区，喜温暖湿润的气候，耐高温而不耐寒，是温带树种。桂花的名称很多，因为它的叶脉形状像“圭”字而叫“圭”；因为它的材质细密，纹理像犀而叫“木樨”；因为它自然分布在岩岭间而叫“岩桂”；因为它开花时芬芳扑鼻，香飘数里，因而又叫“七里香”“九里香”。

诗词贝贝乐

**蝶恋花**

柳永

伫倚危楼风细细，望极春愁，黯黯生天际。草色烟光残照里，无言谁会凭阑意。

拟把疏狂图一醉，对酒当歌，强乐还无味。衣带渐宽终不悔，为伊消得人憔悴。

## 与爱情相关的桃花

同学们，“人间四月芳菲尽，山寺桃花始盛开”是我们熟悉的诗句。桃树为落叶乔木。叶椭圆状披针形，叶缘有粗锯齿，无毛，叶柄长 1 ~ 2 厘米，果近球形，株可达 3 ~ 10 米，属蔷薇科植物。桃树分果桃和花桃两大类。

桃花，即桃树盛开的花朵。桃花原产于中国中部、北部，现已在世界温带国家及地区广泛种植，其繁殖方式以嫁接为主。桃树根系发达，须根比较多，移栽易于成活，一般树龄可维持 20 ~ 40 年。桃树进入花、果的年龄皆早，通常嫁接苗定植后 1 ~ 2 年就开始开花结果，3 ~ 5 年进入花果盛期。桃树生长迅速，一年能抽发 2 ~ 4 次副梢。花芽每节 1 ~ 3 朵，花与叶大致同时抽发，而叶在花后长成全形。

桃花可制成桃花丸、桃花茶等食品。桃花具有很好的观赏价值，是文学创作的常用素材。每年 3 月，各地会以桃花为媒，举办桃花节盛会。在中国，桃花一直以来都是“爱情”的象征。人们常说“桃花运”，就是希望桃花能给人带来爱情的机遇，所以，桃花的花语是“爱情的俘虏”。

## 月月绽放的月季花

月季花属蔷薇科，是一种低矮直立的落叶灌木。夏季开花，花色很多，有红色花，也有黄色花，偶尔还开出几朵白色花。月季花是中国传统十大名花之一。它有“天下风流”的美称，花期长达半年有余，能从 5 月一直开到 11 月，所以有“月月红”“月月开”“长春花”“四季蔷薇”等名称。18 世纪末，中国月季经印度传入欧洲，在国外享有“花中皇后”的美誉。

## 姿态出尘的海棠花

海棠花又叫“梨花海棠”，属蔷薇科。海棠花是落叶小乔木。它的枝干峭立，高达 5 米；花 5 ~ 7 朵成簇生长，多为半重瓣，也有单瓣花；萼片 5 枚，三角状卵形；花瓣 5 片，椭圆形或倒卵形。花期在 4 ~ 5 月。海棠原产于我国，对寒冷和干旱适应性强，但不耐水涝，喜欢深厚、肥

**洋话天天说**

A：How are you?
B：Not very good. I got a cold.
A：你好吗？
B：不是很好，我感冒了。

沃以及疏松的土壤，对盐碱土有一定适应能力，也适合在沙滩地栽培。海棠花姿态潇洒，花开似锦，有“花中神仙”“花贵妃”“花尊贵”的美称。

## 洁白芳香的茉莉花

《茉莉花》是我们熟悉的一首歌曲：“好一朵茉莉花，好一朵茉莉花，满园花开，香也香不过它。”可见茉莉花是很香的。茉莉花原产印度和阿拉伯之间，现在我国广东、福建、四川及江南一带都有栽培。茉莉花叶色翠绿，花色洁白，香味浓厚，为常见的观赏芳香花卉，为世界人民所喜爱。希腊首都雅典自称为“茉莉花城”。菲律宾、印度尼西亚、巴基斯坦、巴拉圭、突尼斯和泰国等都把茉莉花列为国花，美国的南卡罗来纳州把茉莉花定为州花。茉莉花初夏时由叶腋抽出新梢，花期很长，由初夏到晚秋开花不断。它喜欢温暖，不耐霜冻。茉莉花清香四溢，能够提取茉莉油，是制造香精的原料。茉莉油的价格很高，相当于黄金的价格。

## 雍容华贵的牡丹花

牡丹又叫“鹿韭”“白术”“木芍药”“百两金”“花王”“洛阳花”“国色天香”“富贵花”，属于落叶灌木，高可达2米以上。花直径10～30厘米，单瓣或重瓣，花颜色有黄、白、红、粉、紫、绿等，原产中国西北部，有500多个品种。牡丹为肉质根，应选择排水良好的沙质土壤露地种植。牡丹是非常重要的观赏植物，花期4～5月，花姿态优美，大而且色泽艳丽，号称“花中之王”。牡丹以它特有的富丽、华贵和丰茂，被认为是繁荣昌盛、幸福和平的象征。

## 浑身是宝的蔷薇花

蔷薇花又叫“白残花”“蔷蘼”“刺玫”等，大多在初夏时开放，花多叶密，花色很多，有白色、浅红色、深桃红色、黄色等，常被比作美丽的少女。蔷薇一般生长在路旁、田边或丘陵地的灌木丛中。蔷薇花含挥发芳香油，可用于制造香水、香精等。鲜花可直接吃，如果和大米、红枣一起熬粥，香甜味美。

## 清香宜人的紫丁香

丁香原产我国，又叫“紫丁香”“百结花”等，是落叶灌木或小乔木。丁香花期在 4 ~ 5 月，喜欢阳光，耐寒性强，也耐旱。抗逆性强，对土壤要求不严，但适合生长在肥沃、疏松、排水良好的土壤中。在初春开花，花单瓣或重瓣，花端裂成四片，花瓣柔软，颜色发紫，有一种清香，是我国著名的园林花卉。据统计，世界上丁香品种有 28 种，我国就占 23 种，主要分布在华北、东北、西北及长江流域。

## 富丽堂皇的山茶花

山茶花又叫“茶花”“华东山茶”“川茶花”“晚山茶”“耐冬”“曼陀罗树”，是常绿灌木或小乔木，高可达 3 ~ 4 米。花瓣近似于圆形，花瓣可有 50 ~ 60 片，花的颜色有红、白、黄、紫等，富丽堂皇，为我国著名观赏花卉，品种极多。花期因为品种不同而不同，从 10 月到第二年 4 月间都有开放。山茶花原产于我国长江流域和西南各地，喜欢温暖、空气湿润、半阴半阳的环境，多分布在热带和亚热带地区。山茶花除栽培观赏外，由于它的木材细致，因此还可做雕刻；种子可以榨油。

## 娇艳美丽的玫瑰花

玫瑰花是“美神”的化身，是“爱情之花”，它的形、色、味独具一格。玫瑰花主要有三种花色，即白玫瑰、红玫瑰和紫玫瑰。玫瑰全身多刺毛，喜欢阳光，能耐寒耐旱，也能耐涝，适应性很强，对土壤要求不严格，但以种植在肥沃疏松的沙壤土中生长最好。玫瑰花用途很广，可炼玫瑰油、制玫瑰酱、做高级玫瑰香料，还可酿酒、薰茶、制玫瑰糖、做玫瑰糕点。

**题目**：小白花，飞满天，下到地上像白面，下到水里看不见。（打一自然现象）

**答案**：下雪。

## 异常惊艳的玉兰花

玉兰花别名“白玉兰”“望春花”，属于木兰科落叶乔木。树高一般 2 ~ 5 米，最高可达 15 米。玉兰花外形极像莲花。盛开时，花瓣展向四方，白光耀眼，具有很高

## 肚皮笑笑破

阿姨非常疼爱蒙蒙，每次阿姨来蒙蒙家，都要给蒙蒙带很多好吃的，还总是逗蒙蒙玩。这天，阿姨又来蒙蒙家。阿姨抓起一把水果糖问："蒙蒙，你说大的好，还是小的好？"蒙蒙说："大的好。"阿姨又问："那你长大后当大坏蛋还是小坏蛋？"蒙蒙毫不犹豫地回答："当大坏蛋。"

的观赏价值；再加上清香阵阵，沁人心脾，实为美化庭院的理想花卉。花开时异常惊艳，满树花香，花叶舒展而饱满，但花期短暂，仅10天左右。玉兰花开放之时特别绚烂，代表一种一往无前的孤寒气和决绝的孤勇，优雅而款款大方。

中国有2500年左右的玉兰花栽培历史。玉兰花为庭院中名贵的观赏树，分布于中国中部及西南地区，现世界各地均已引种栽培，通常用播种、嫁接法繁殖。移栽应在萌动前十余日，或花后展叶前进行。播种苗一般要5年左右方能开花。北方常见的还有二乔玉兰，花瓣外面淡紫色，里面白色。

## 花形似蝶的紫荆花

紫荆花又称"满条红""苏芳花""紫株""乌桑""箩筐树"。紫荆花为豆科紫荆属落叶灌木或小乔木，是春季的主要观赏花卉之一，喜阳光，耐暑热。

紫荆花树干挺直丛生，早春季节先于叶开花，开红紫色花。花形似蝶，盛开时花朵繁多，成团簇状，紧贴枝干，满树都是花，不仅枝条上能开花，而且老干上也能开花，给人以繁花似锦的感觉。花除紫色外，还有一种较为罕见、观赏价值极高的白花紫荆。

到了夏秋季节则绿叶婆娑，满目苍翠；冬季落叶后则枝干筋骨毕露，苍劲虬曲之感跃然眼前，是观花、叶、干俱佳的园林花木，适合栽种于庭院、公园、广场、草坪、街头、道路绿化带等处，也可盆栽观赏或制作盆景。

## 满枝金黄的连翘花

连翘又名“黄花条”“连壳”“青翘”“落翘”“黄奇丹”等，早春先于叶开花，花开香气淡艳，满枝金黄，艳丽可爱，是早春优良观花灌木。

连翘的萌生能力很强，适宜于宅旁、亭阶、墙隅、篱下与路边栽种，也宜于溪边、池畔、岩石、假山下栽种。因根系发达，故可作为花蓠或护堤树栽植。连翘有叶色呈浅黄色的金叶连翘；叶绿色，叶脉黄色的金脉连翘；枝条下垂的垂枝连翘等，也可用于制作盆景。

## 花色丰富的杜鹃花

杜鹃花是中国十大名花之一，别名“映山红”“山石榴”“山踯躅”“羊角花”等，为杜鹃花科杜鹃花属落叶或半常绿小灌木。原产不丹，现在遍布我国大江南北。

杜鹃花花朵通常顶生，1至数朵簇生，总状呈伞形花序，花冠呈漏斗状。花色丰富，有大红、紫红、桃红、墨红、粉红、橙红、肉红、纯白、金黄等，颜色变异非常大。在自然养殖条件下，春杜鹃花期大都在4～5月，夏杜鹃花期在5～6月，春夏杜鹃花的花期在春夏季之间，花期可持续1个月以上。

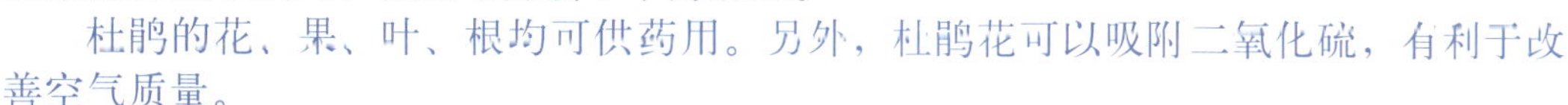

杜鹃的花、果、叶、根均可供药用。另外，杜鹃花可以吸附二氧化硫，有利于改善空气质量。

## 夜间开花的夜来香

夜来香别名“夜香花”“夜兰香”“夜香树”等，为萝藦科夜来香属藤本植物。其原产美洲热带，在亚洲热带地区分布广泛，在我国华南地区栽培较广。

夜来香的叶片呈心形，边缘披有柔毛，夜间开花，在叶腋处绽开一簇簇黄绿色的吊钟形小花。湿度越大，其花瓣上的气孔张开越大，就会散发出更多的芳香油，所以，在晚上其香气较浓，下雨天气其芳香也比平日同时间段浓。

夜来香多为盆栽观赏植物，但不宜放在室内，因为其花香容易使人呼吸困难。

## 花蕊翘出的扶桑花

扶桑是中国名花，别名“朱槿”“大红花”“朱槿牡丹”“花上花”“赤槿”，为锦葵科木槿属常绿灌木或小乔木。其原产于东印度和我国广东、广西、台湾、福建以及云南、四川等省区。

扶桑花茎直立，多分枝；叶互生，卵形，边缘有粗齿；花单生于叶腋，花冠为漏斗形，接近顶端有节，半下垂态，花蕊翘出花瓣外，花色有红、黄、粉、白等，单瓣或重瓣，重瓣花似牡丹。花色艳丽，极具观赏价值。

扶桑品种繁多，以夏威夷为最多。适于庭院种植的有小旋粉、迷你白、花上花、粉牡丹、粉西施等品种，适于盆栽的有艳红等品种。

## 无可挑剔的栀子花

同学们都听过《栀子花开》这首歌吧。栀子花别名“栀子”“黄栀子”，为龙胆目茜草科栀子属的常绿灌木，原产于中国。

栀子植株大多比较低矮，高 1 ~ 2 米，干灰色，小枝绿色；花单生枝顶或叶腋，有短梗，白色，大而芳香，花冠高脚碟状，一般呈六瓣。花期较长，从 5 ~ 6 月连续开花至 8 月。

栀子花的外表令人无可挑剔，枝叶繁茂，四季常绿，芳香素雅，是非常好的庭院观赏植物。适于阶前、池畔和路旁栽培，也可用作花篱、盆栽和盆景观赏，不时发出清新的香味，令人流连忘返。

## 花开不全的含笑花

含笑别名“香蕉花”“酥瓜花”“含笑梅”，为木兰科白兰花属常绿灌木。原产我国南部广东、福建一带，现我国各地均有栽培。

含笑分枝多而紧密，组成圆形树冠，树皮和叶上均密被褐色绒毛；单叶互生，叶椭圆形，绿色，光亮，厚革质，全缘；花单生叶腋，花形小，呈圆形，花瓣 6 枚，肉质淡黄色，边缘常带紫晕，花香袭人，沁人心脾。这种花常不开全，就像含笑的美人一样，花期 3 ~ 4 个月。果卵圆形，9 月果熟。

含笑苞润如玉，香幽若兰，陈列室内，馨香四溢，是花、叶兼美的观赏珍品；除具有观赏价值外，还是一种天然的香料，花香香醇浓郁。

## 不畏严寒的梅花

梅花又叫“春梅”“红梅”。花呈白色、红色或淡红色，芳香淡雅，多在早春1～2月先开花，后发叶。梅花原产于我国，主要在长江流域和西南地区栽培。梅花喜欢温暖而稍湿润的气候，容易在阳光充足、通风凉爽的地方生长，不怕水，也能耐旱。梅花是世界著名的观赏花木，每当冬末春初，梅花绽放，清香扑鼻，在中国与松、竹并称为“岁寒三友”。梅花是我们中华民族的精神象征，具有强大而普遍的感染力和推动力。梅花象征坚韧不拔、不屈不挠、奋勇当先，自强不息的精神品质。梅花迎雪吐艳、凌寒飘香、铁骨冰心的崇高品质和坚贞气节，鼓励了一代又一代中国人不畏艰险，奋勇开拓，创造了优秀的生活与文明。

### 我来考考你

1. 你知道的木本花卉都有哪些？
2. 被称为“岁寒三友”的是（　　）。
   A. 松、竹、梅　　B. 梅、兰、菊　　C. 松、兰、菊

# 常见草本花卉

草本花卉是按花卉植物的性状做的一种分类，简称“草花”。根据生长发育周期，可以分为一年生草花、二年生草花和多年生草花。一年生草花一般在春季进行播种繁殖，夏秋开花结实，所以又称“春播草花”。二年生草花一般在秋季播种，第二年春夏开花，常称为“秋播草花”。草本花卉多用种子繁殖，种类繁多，株型小巧，花色绚丽，生长期短，一次繁殖就能得到大量的植株，适应性很强。下面，就让我们来了解一下都有哪些有名的草本花卉吧！

**蝶恋花**

晏殊

槛菊愁烟兰泣露。罗幕轻寒，燕子双飞去。明月不谙离恨苦。斜光到晓穿朱户。　昨夜西风凋碧树。独上高楼，望尽天涯路。欲寄彩笺兼尺素。山长水阔知何处。

## 色彩纷呈的鸡冠花

鸡冠花又叫“芦花鸡冠”“笔鸡冠”“大头鸡冠”“凤尾鸡冠”等，因为它的花形状、颜色都像公鸡头上的冠，所以叫“鸡冠花”。鸡冠花原产印度，在我国各地广泛栽培。鸡冠花是一年生草本花卉，不耐寒，喜欢炎热、阳光充足、干燥的环境和沙质的土壤，它的种子有自播“本领”。鸡冠花的叶子除了绿色外，还有深红、黄绿或红绿相间等各种色彩。鸡冠花是由许许多多的小花聚集而成的花序。鸡冠花色彩纷呈，有紫、红、黄、白、橙等各种颜色，非常绚丽。

## 象征长寿的菊花

菊花是中国传统名花，又叫“菊华”“秋菊”“九华”“黄花”“帝女花”。菊花有 30 多种，中国原产的就有 17 种，比如野菊、甘菊、小红菊等。它是多年生草本植物，喜欢凉爽，比较能够耐寒，在微酸性到微碱性的土壤中都能生长。中国人一直以来都喜爱菊花，尤其是古代的诗人，他们用菊花来表明自己高洁的情操和志向。从宋代起民间就有一年一度的菊花盛会。古神话传说中菊花又被赋予了吉祥、长寿的含义，如菊花与喜鹊组合表示“举家欢乐”，菊花与松树组合为“益寿延年”等，在民间应用非常广。

A：Take care!
B：You too! Goodbye!
A：当心点儿！
B：你也是！再见！

## 高雅迷人的郁金香

郁金香别名“洋荷花”“草麝香”，原产于土耳其和中亚细亚一带。它的原名就是土耳其语“美丽的头巾”的意思。欧洲最早种植的郁金香，就是从土耳其引入的。郁金香喜欢冬季比较温和、湿润，夏季凉爽、稍微干燥的向阳或半阴的环境，花期在 4 ~ 6 月。郁金香花色艳丽多样，形状奇特，非常像一个高脚的酒杯，高雅迷人，有很高的观赏价值。

## 象征母爱的康乃馨

今年的母亲节，同学们都给母亲送康乃馨了吗？康乃馨是英文 Carnation（香石竹）一词的音译。香石竹的出名得益于 1934 年 5 月美国首次发行母亲节邮票，邮票图案是一幅世界名画，画面上一位母亲凝视着花瓶中插的石竹。邮票的传播把石竹花与母亲节联系起来，于是西方人也就把石竹花定为母亲节的节花。普通百姓也慢慢接受了好听的洋名字——康乃馨。康乃馨原产在地中海沿岸，喜欢凉爽和阳光充足的环境。

## 象征富贵的君子兰

君子兰也叫“剑叶石蒜”“大花君子兰”，是多年生草本植物。它深绿色的叶子像剑一样，花是喇叭形，花瓣金黄。能长出球形的果实，嫩果绿色，成熟后是红色。君子兰原产于南非，耐寒力比较弱，喜欢半阴环境和稍湿润的肥沃土壤。君子兰是一种奇异的花草，它的叶、花、果都很美，赏叶比观花更好。君子兰是一种品种独特的花卉，有着极高的观赏价值，常在冬春两季圣诞节、元旦、春节期间开放，给人喜庆、吉祥、高雅、富贵的印象。

## 一尘不染的荷花

荷花又叫“莲花”“水华”“芙蓉”“玉环”等，是中国的十大名花之一，原产在亚洲热带和温带地区，在我国栽培历史悠久。荷花是园林中非常重要的水面绿化植物，它花大色艳、清香远溢、凌波翠盖，自古以来就是宫廷苑囿和私家庭院的珍贵水生花卉。荷花的根茎横生于水底泥中，花朵却洁白无尘，深为人们所喜爱，被人们誉为是出淤泥而不染的象征典范。荷花花色很多，有红、粉红、白、紫等色。

## 清新典雅的百合花

百合花也叫“卷丹”“山丹”，是多年生球根草本植物。全世界有 100 多种百合花，我国有 60 多种，其中云南就有 40 多种。百合花的花整体像个喇叭形。大多数的百合为白色或浅红色，也有紫色等颜色的百合花。百合花花期在 6 ~ 8 月，它的花朵有淡淡的清新香味。百合多数喜欢凉爽湿润的环境，但少数种类能耐干旱环境。

## 冰清玉洁的雪莲花

雪莲又叫“雪荷花”，能够在海拔3000米左右、常年积雪不化、气候严寒的雪峰上生长，有着极强的生命力。雪莲形态娇艳，根黑、叶绿、苞白、花红，好像神话中红盔素铠、绿甲皂靴、手持利剑的白娘子，屹立于冰峰悬崖。高山牧民在行路途中遇到雪莲时，认为有吉祥如意的征兆，并以圣洁之物相待，视之为神物。

## 死而不凋的勿忘我

勿忘我又叫“不凋花”“匙叶花”“匙叶草”等，原产欧亚大陆。勿忘我是多年生草本植物，花朵小巧秀丽，蓝色花朵中央有一圈黄色心蕊，色彩搭配和谐醒目，形似卷伞，半含半露，惹人喜爱，令人难忘。勿忘我喜欢的生长环境通常是那些冷凉却湿润的坡地山谷，只要有肥沃的土、充足的阳光，就可以长得很好。它的颜色除蓝色外，还有白、红、黄、紫、橙等颜色，甚至两种颜色的品种也有。因为它失掉水分、失掉生命后也会保持着花色花姿而不凋谢，所以被用来象征永恒的爱和浓情的厚谊。

**题目**：一个瓜，腰上挂，抽了筋，就开花，消灭敌人要用它。（打一军事用品）
**答案**：手榴弹。

## 喇叭形状的朱顶红

朱顶红别名“百枝莲”“华胄兰”“柱顶红”“孤挺花”“百子莲”等，为石蒜科。朱顶红属多年生草本植物。原产巴西和秘鲁，现在各国均有种植。

朱顶红花茎从鳞茎中抽出，绿色、粗壮、中空，花朵生长在花茎顶端，伞形花序，多呈喇叭形。现代栽培的多为杂种，花朵硕大，花色艳丽，有大红、玫红、橙红、淡红、白、蓝紫、绿、粉中带白、红中带黄等色。其花色除纯蓝、纯黑、纯绿外已经可以覆盖色谱中其余的所有颜色。花径大者可达20厘米以上，而且有重瓣品种。

## 宛如马蹄的马蹄莲

马蹄莲别名“慈姑花”“观音莲”“水芋”，为南行科马蹄莲属多年生草本植物。

原产于南美洲和非洲南部湿地地区，在中国集中分布在冀、陕、苏、川、闽、台、滇等地区。

马蹄莲为肉质块茎，叶片翠绿，呈心状箭形，叶柄长。花梗比叶片高，肉穗花序，花苞片洁白硕大，宛如马蹄，形状奇特，具有极强的观赏价值，同时它也是做切花、花束、花篮的理想材料。

## 水中的仙子——水仙花

水仙花别名“女史花”“凌波仙子”“雪中花”“配玄”“姚女花”“雅客”“雅蒜”“禾葱”，为石蒜科多年生草本花卉。原产我国浙江福建一带，现已遍及全国和世界各地。

水仙多为水养，叶姿秀美，花香浓郁，亭亭玉立，故有“凌波仙子”的雅号。叶为基生，直立，带状线形或近圆柱状，多数排成互生两列状；花茎直立，顶端开花 4 ~ 10 朵，伞形排列，花瓣乳白色，花中间有黄色杯状副花冠，故有“金盏银台”之称，具有很高的观赏价值。

水仙的种类很多，全世界共有 800 多种，其中的 10 多种如喇叭水仙、围裙水仙、仙客来水仙、明星水仙、三蕊水仙、法国水仙、红口水仙、丁香水仙等，具有极高的观赏价值。

另外，需要提一下的是，水仙的花、枝、叶、根都有毒，所以同学们可不要出于好奇去食用。

小强喜欢睡觉，每次都睡到很晚也不起床。一次，又一直睡到太阳照到脸上了，他不起床，还对妈妈大叫着：“把灯关掉！快把灯关掉！”妈妈正忙着做饭，就告诉他那是太阳。他又不耐烦地叫：“把太阳关掉！”

## 花似蝴蝶的凤仙花

凤仙花别名“透骨草”“金凤花”“洒金花”“芰芰草”“指甲花”“急性子”“假桃花”“小桃红”“指甲草”“小点红”，为凤仙花科凤仙花属一年生草本花卉。原产印度、中国南部、马来西亚。世界各地广为栽培。

凤仙花株高 40 ~ 100 厘米，茎肉质，粗壮直立，上部有分枝。叶互生，呈阔或窄披针形，边缘有锐齿。花形似蝴蝶，有单瓣和重瓣，花色有粉红、大红、紫、白黄、洒金等。有的品种同一株上能开数种颜色的花朵。果实纺锤形，有白色茸毛，成熟时弹裂为 5 个旋卷的果瓣。凤仙花是非常好的盆栽植物，也可以做切花。

凤仙花适应性较强，移植易成活，生长迅速。性喜阳光，怕湿，耐热不耐寒，适生于疏松肥沃微酸土壤中，但也耐瘠薄。

## 种在碗中的碗莲

顾名思义，碗莲就是栽种在碗内的莲花，专供陈于室内几桌之上，以美化居住环境。别名“桌莲”“钵莲”“盆莲”，为睡莲科莲属多年生草本植物。原产于江苏，以苏州所产最为著名。

碗莲地下茎横生在泥中，分枝性强；叶呈盾状圆形，叶柄长，叶面深绿色；花单生，有单瓣、半重瓣和重瓣之分，花色有红、白、粉红、洒金等。花朵娇小玲珑，花姿卓绝，极富雅趣；地下茎称“藕”，能食用；叶子可入药；莲子可食用，为上乘补品。

在碗莲花繁叶茂时，可以加以修剪，使之疏密相间，错落有致，再在碗内摆放小山、航船、小桥、鸡鸭等类的小品，就能构成令人神往的意境，非常有趣。

## 花色艳丽的矮牵牛

矮牵牛别名“碧冬茄”“杂种撞羽朝颜”“灵芝牡丹”“毽子花”“矮喇叭”“番薯花”“撞羽朝颜”，为茄科碧冬茄属多年生草本植物。原产于南美洲阿根廷，现世界各地广泛栽培。

矮牵牛茎直立或匍匐。叶子互生或对生，呈卵形，全缘。牵牛属长日照植物，生长期要求阳光充足，在正常的光照条件下，从播种至开花约需100天。花单生，漏斗状，花瓣边缘有平瓣、波状、锯齿状等，花色有白、粉、红、紫、蓝、黄等，另外还有双色、星状和脉纹等。花色艳丽，丰富多彩，极具观赏价值，重瓣的还可做切花。

矮牵牛可以进行盆栽、吊盆、花台及花坛美化，大面积栽培具有地被效果，景观瑰丽、悦目。

## 清新宜人的瓜叶菊

瓜叶菊是冬春时节主要的观花植物之一，别名“千日莲”“瓜叶莲”“千里光”“瓜子菊”“瓜秧菊”，为菊科瓜叶菊属多年生草本植物。原产西班牙加那利群岛。

瓜叶菊株高一般在20～90厘米，全株被微毛，叶片大，形状像葫芦科的瓜类叶片，绿色光亮。叶柄较长，花为头状花序，簇生成伞房状。花色丰富，除黄色以外其他颜色均有，还有红白相间的复色，花期 1 ～ 4 月。其花朵鲜艳，给人以清新宜人的感觉。

瓜叶菊喜欢阳光充足和凉爽通风的环境，但害怕强光直射。要把植株放在向阳处养护，受到充足的阳光照射。长期得不到充足光照的瓜叶菊，容易引起徒长，影响开花。但夏季为了避免太阳直射，瓜叶菊要放在半阴处养护，否则，叶片卷曲、干燥，缺乏生气。

## 花序丰满的一串红

一串红别名“爆仗红”“拉尔维亚”“象牙红”“西洋红”，为唇形科鼠尾草属多年生草本植物。原产巴西，我国各地广泛栽培。

一串红茎高约 80 厘米，光滑；叶片对生，呈卵圆形，两面无毛，顶端尖，边缘有锯齿；顶生总状花序，花有 2 ～ 6 朵，轮生；萼钟状，与花冠同色；花冠唇形筒状，伸出萼外，长约 5 厘米；花色有鲜红、粉、紫、白、淡黄等。种子生于萼筒基部，成熟种子颜色为浅褐色。

一串红的花期很长，从夏末到深秋，开花不断，花序丰满，色红鲜艳，且不易凋谢，适应性强，为中国城市和园林中最普遍栽培的草本花卉。

## 小巧玲珑的美女樱

美女樱别名“草五色梅”“铺地马鞭草”“铺地锦”“四季绣球”“美人樱”，为马鞭草科马鞭草属多年生草本植物。原产巴西、秘鲁、乌拉圭等地，现世界各地广泛栽培，中国各地也均有引种栽培。

美女樱生而铺覆地面，全株披灰色柔毛，长 30 ～ 50 厘米。叶对生，有长圆形、卵圆形或披针状三角形，边缘有锯齿，叶有短柄，叶基部常有裂刻。顶生穗状花序，多数小花密集排列呈伞房状；花萼细长筒状，花冠漏斗状；花色有白、粉红、深红、紫、蓝等，略具芳香。花期为 5 ～ 11 月。

美女樱小巧玲珑，花序繁多，色彩丰富而秀丽，极具观赏价值；适合盆栽观赏或布置花坛花境，也可做成盆花大面积栽植于园林隙地、树坛中。

## 花若五星的茑萝

茑(niǎo)萝别名“羽叶茑萝”“五角星花”“锦屏封”，为旋花科茑萝属一、二年生草本植物。原产墨西哥，现中国各地都有分布。在西方，茑萝常用在新娘的捧花中，所以也被称为“新娘花”。

茑萝茎长达6～7米，光滑。叶互生，呈羽状细裂，裂片呈线形。腋生聚伞花序，花小，花冠高脚碟状，形状如五角星，花序梗通常长于叶，花朵从绿叶中翘伸出来，娇俏可爱，花色有红色和白色。

由于茑萝纤细妩媚，星状小花，色泽鲜艳，极具观赏价值。

## 象征爱情的芍药花

芍药别名“将离”“离草”“婪尾春”“余容”“犁食”“没骨花”“黑牵夷”“红药”，为芍药科芍药属多年生草本植物。芍药在中国的栽培历史超过4900年，是中国栽培最早的一种花卉。芍药位列草本之首，其被人们誉为“花仙”和“花相”，且被列为“六大名花”之一，又被称为“五月花神”。因自古就作为爱情之花，现已被尊为七夕节的代表花卉。

芍药可分为草芍药、美丽芍药、多花芍药等多种品种。芍药块根为纺锤形，地下茎产生新芽，新芽于早春抽出地面；茎基部常有鳞片状变形叶，枝梢的渐小或成单叶；花生于枝顶或叶腋，花大且美，有芳香，花色有白、粉、红、紫、黄等。

由于芍药花大艳丽，极具观赏价值，是近代公园中或花坛上的主要花卉；或沿着小径、路旁带形栽植，或在林地边缘栽培，并配以矮生、匍匐性花卉。芍药又是重要的切花，或插瓶，或做花篮。如在花蕾待放时切下，放置冷窖内，可储存数月之久。

## 清雅高洁的兰花

兰花为兰科兰属多年生草本植物，别名“兰草”，由于地生兰大部分品种原产中国，因此兰花又称“中国兰”，绍兴是兰花的故乡。兰花为我国“十大名花”之首。我国常见栽培品种有春兰、蕙兰、建兰、寒兰、墨兰、春剑等。

兰花根肉质肥大，无根毛，株高20～40厘米，根长筒状。叶自茎部簇生，线状披针形，稍具革质，2～3片成一束。花单生或成总状花序，花梗上长有多个苞片。花冠由3枚萼片和3枚花瓣及蕊柱组成。萼片中间1枚称“主瓣”，下2枚为“副瓣”，副瓣伸展。上 2 枚花瓣直立，肉质较厚，先端向内卷曲；下面 1 枚为唇瓣，较大。

兰花以香味著称，具高洁、清雅的特点。古今名人对它评价极高，被喻为“花中君子”。在古代文人中常把诗文之美喻为“兰章”，把友谊之真喻为“兰交”，把良友喻为“兰客”。

## 花球绚烂的天竺葵

天竺葵别名“洋绣球”“入腊红”“石腊红”“日烂红”“洋葵”“天竺葵”“驱蚊草”，为牻（máng）牛儿苗科天竺葵属多年生草本植物。原产非洲南部，现我国各地都有栽培。

天竺葵株高 40 厘米以上；茎肥壮多汁，密生细毛，基部稍木质化；叶互生，心脏形，边缘有锯齿，浅裂，绿色；花顶生，呈伞状，有单瓣和重瓣，花色有红、淡红、橙黄、白等。花期由初冬开始直至翌年夏初；果实为五分果，成熟后呈螺旋形旋卷。

天竺葵花球绚烂多彩、晶莹耀目，且有芳香，惹人喜爱。

## 形似令箭的令箭荷花

令箭荷花为仙人掌科令箭荷花属多年生多肉草本植物，因其茎扁平呈披针形，形似令箭，花似睡莲，故名“令箭荷花”，别名“孔雀仙人掌”“孔雀兰”“令箭”“名红孔雀”“荷花令箭”。原产墨西哥，现中国各地均有栽培。

令箭荷花茎直立，多分枝，群生灌木状，茎的边缘呈钝齿形。齿凹入部分有刺座，座中有 0.3 ~ 0.5 厘米长的细刺；植株基部主干细圆，分枝扁平呈令箭状；花从茎节两侧的刺座中长出，花筒细长，呈喇叭状，花色为紫红、大红、粉红、洋红、黄、白、蓝紫等；果实为椭圆形红色浆果，种子黑色。

令箭荷花花形硕大美丽、花色鲜艳，具有很好的观赏价值。它在盛夏时开花，是窗前、阳台和门厅点缀的佳品。

## 茎节奇特的蟹爪兰

蟹爪兰由于茎节连接形状如螃蟹的副爪而得名，别名“圣诞仙人掌”“蟹爪莲”“仙指花”“锦上添花”，为仙人掌科蟹爪兰属附生性小灌木植物。原产南美巴西热带雨林地区，

我国广泛栽培。

蟹爪兰整体呈嫩绿色，新出茎节带红色，主茎圆，易木质化，分枝多，呈节状，刺座上有刺毛。蟹爪兰叶状茎扁平多节，肥厚，卵圆形，鲜绿色，边缘具粗锯齿。花着生于茎的顶端刺座上，花被张开反卷，花色有淡紫、黄、红、纯白、粉红、橙和双色等。

其株形优美，茎节奇特，花色艳丽，具有重要的观赏价值。

## 易于栽种的芦荟

芦荟别名“卢会”“讷会”“象胆”“奴会”“劳伟”，为独尾草科多年生草本植物。原产于地中海、非洲。

芦荟叶簇生，呈座状或生于茎顶，叶呈披针形或短宽，边缘有尖齿状刺。花序呈伞形、总状、穗状、圆锥形等，花色红、黄或为赤色斑点，花瓣六片。

芦荟颇受大众喜爱，主要因其易于栽种，为花叶兼备的观赏植物。芦荟被称为“空气污染报警器”，如果空气中的有害气体含量超过一定限度，其叶片上就会出现褐色或黑色的斑点。

## 茎似笔杆的仙人笔

仙人笔别名“七宝树”“七宝菊”，为菊科千里光属多年生肉质草本植物。原产南非干旱地区。

仙人笔株高 30 ~ 60 厘米，茎呈短圆柱状，粉蓝色的圆柱形茎干形似笔杆，上面生长着一片片形似提琴的叶片，粉蓝色，叶柄和叶片等长或比叶片更长。头状花序，白色带红晕。

由于仙人笔茎株美丽，花开娇媚，常用于盆栽观赏，适合窗台、书桌和茶几上摆设，洋溢出一股野趣。可以送一盆仙人笔给志趣高雅、喜欢宁静或工作繁忙的朋友，让其在繁忙的工作中看一眼高挺的仙人笔，舒缓一下精神。

## 夜间绽放的昙花

我们常听说“昙花一现”，昙花到底是一种什么花呢？昙花别名“琼花”“月下美人”“昙华”“月来美人”“夜会草”“鬼仔花”“韦陀花”，为仙人掌科昙花属灌木状肉质植物。原产墨西哥、危地马拉、洪都拉斯、尼加拉瓜、苏里南和哥斯达黎加，目前我国各地普遍栽培。

昙花全株平滑，无毛无刺。灌木状主茎圆筒形，木质；其余分枝成扁平形叶状，节间长，边缘波状，绿色。花朵单生于叶状茎上的凹凸处，萼片多片，细线形，花瓣多瓣，长匙形。

昙花的开花季节一般在 6 ~ 10 月，开花的时间一般在晚上 8 ~ 9 点钟以后，盛开的时间只有 3 ~ 4 个小时，非常短促。开放时，花筒慢慢翘起，将紫色的外衣慢慢打开，然后由 20 多片花瓣组成的、洁白如雪的大花朵就开放了。3 ~ 4 小时后，花冠闭合，花朵很快就凋谢了，这就是“昙花一现”。

### 我来考考你

1. 你知道的草本花卉都有哪些？
2. 象征母爱的花是（　　）。
   A. 百合花　　B. 郁金香　　C. 康乃馨

# 第三章 草的一生

草本植物是一类植物的总称，但并非植物科学分类中的一个单元。与草本植物相对应的概念是木本植物，人们通常将草本植物称作“草”，而将木本植物称为“树”。草的木质部较不发达至不发达，茎多汁，较柔软。按草生活周期的长短，可分为一年生、二年生或多年生；按照草的功用可以分为观赏水草和农田杂草。下面我们主要了解一下这两类中比较常见的一些草。

## 观赏水草

观赏水草是指在自然环境中生长发育或经人工采集、栽培及选育的具有一定观赏性的一类水生植物，它主要应用于水族箱的造景和欣赏，以此来表现水族箱的自然美、生态美。翠绿娇嫩的水草布满水箱，各种观赏鱼在水草丛中穿梭就是一幅奇妙和谐的画面。另外，水草还可为鱼类提供藏身与产卵的场所，而且观赏鱼的残饵和粪便分解所产生的有机物可以被水草作为营养加以吸收利用，从而起到了净化水质的作用。

### 水草之王——皇冠草

皇冠草为被子植物门，单子叶植物纲，泽泻目，泽泻科，刺果泽泻属，别名“亚马逊剑草”“王冠草”。它广泛分布于南美洲的巴西、阿根廷、乌拉圭等地。

皇冠草是一种大型水草，叶柄粗壮，叶子宽大，叶形优美，最大的皇冠草可以长出近百片叶子，最大叶宽可达 8 厘米，叶长可达 50 厘米。因其植株蓬大、雄伟壮观，被称为“水草之王”。

皇冠草适合室内水体绿化，是装饰玻璃容器的良好材料。在水族箱栽培时，常作为中景草使用。这种植物喜欢强光照射，适应能力较强，容易生长，每天应接受 4 小时左右的光照。皇冠草的叶片较脆，不要经常移动，以免损坏叶片。皇冠草适宜在弱酸性、中性水中生长，喜温、喜光。水温要在 24℃以上，以 26 ~ 28℃最为适宜。

## 根似香蕉的香蕉草

香蕉草别名“水中花”，为多年生浮叶草本植物。香蕉草株高 10 ~ 30 厘米，呈绿色。叶基生，具长柄，叶片宽大呈圆形，叶面不平整，边缘呈波浪状。生有攀缘茎，根茎肥大如香蕉。以分株法繁殖为主，多在每年 3 ~ 6 月进行；亦可采用组织培养法进行育苗。

香蕉草叶片美观，色绿宜人。将其点缀于水族箱中，观赏者无不抚掌称奇。可在硬度较低的淡水中栽培香蕉草，但是盐度不宜过高。水体的 pH 最好控制在 6.5 ~ 7.5，即呈微酸性至微碱性。

香蕉草喜光照充足的环境，但注意不要使其接受过多的直射日光，每天最好让它接受 4 ~ 6 小时的散射日光；如使用荧光灯，每天要给予 10 ~ 12 小时的光照。香蕉草喜温暖，怕寒冷，在 22 ~ 28℃的温度范围内生长良好。

**枫桥夜泊**

张继

月落乌啼霜满天，江枫渔火对愁眠。
姑苏城外寒山寺，夜半钟声到客船。

## 喜光性强的羽毛草

羽毛草别名“布拉狐尾”“粉绿狐尾藻”“凤凰草”“绿凤尾”“青凤凰草”“青狐尾”“水聚藻”。阿根廷、巴西、乌拉圭、智利等南美洲地区多有生长。

羽毛草为多年生沉水或挺水草本。株高 50 ~ 80 厘米。雌雄异株。茎部直立，叶二型；沉水叶羽状复叶轮生，每轮 4 ~ 7 枚，长 10 ~ 18 毫米，小叶线形，黄绿色；挺水叶羽状复

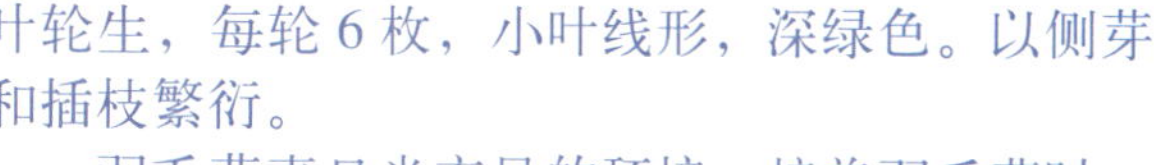

叶轮生，每轮 6 枚，小叶线形，深绿色。以侧芽和插枝繁衍。

羽毛草喜日光充足的环境，培养羽毛草时，可使它每天接受 3 ~ 5 小时的直射日光。另外，这种草具有十分明显的感夜性，其叶片无论是挺水还是沉水时，每到傍晚都会并拢，翌日清晨再展开。

A：Have you learned English?
B：Yes, a little.
A：你学过英语吗？
B：是的，学过一点儿。

## 对水质敏感的太阳草

太阳草属于两栖性水生植物。生于沙质、水流缓慢处。

太阳草叶片翠绿细长，轮生，茎部细长，在分枝的细节上以轮生方式排列。叶片以披垂方式呈现，叶端常横卧于水面，使植株造型美丽。以插枝繁殖。

在水族箱内栽培太阳草较困难，因为其对水质要求很高，除了要有酸性水质外，硬度必须很低，一定要有足够的二氧化碳供应，要求低 pH、KH 的环境，需要大量的光线，总之，这种草对水质非常敏感。不过要是其对水质适应后，就会慢慢恢复过来。

## 亭亭玉立的苦草

苦草俗称“面条草”“龙须草”“扁担草”，是水生草本植物。适宜在南方各省种植。

苦草具匍匐茎，白色，光滑，先端芽浅黄色；叶基生，叶片狭长如带状，叶片长度随水位深浅而有差别，叶片碧绿呈半透明状，绿色或略带紫红色。萼片 3 片，大小不等，成舟形浮于水上，中间一片较小，中肋部龙骨状，向上亭亭玉立于水中。

因为苦草叶长、翠绿、丛生，是植物园水景、风景区水景、庭院水池的良好水下绿化材料，也适合室内水体绿化，是装饰水族箱的良好材料，常被作为背景使用。

苦草可进行种子繁殖和无性繁殖，对水质的适应性较强，喜弱碱性水质，不喜高温，耐寒，喜光。

**题目**：白嫩小宝宝，洗澡吹泡泡，洗洗身体小，再洗不见了。（打一种日用洗涤品）

**答案**：香皂。

## 非常美丽的小海帆

小海帆原产于南美洲的北部、亚马孙河流域。有着从深绿色到茶褐色的心形叶片，叶尖为尖形，由叶柄水平地支撑着。叶片可以长达 15 ~ 20 厘米，宽 5 ~ 10 厘米。

只要适应了环境，小海帆在明亮的光照条件下可以生长得极为良好。可以在水面看到它的花朵，非常美丽。

小海帆和皇冠草一样为分株繁殖。水温以22～28℃为宜。需用高度为45～50厘米的水族箱养殖。

## 观赏效果好的红蛋

红蛋是一种适应力极强的水草，原产于巴西南部。全株高度可达40～50厘米。成熟的叶片略带红色，长30～40厘米，宽4～5厘米，叶脉明显，边缘有皱褶。

在强光下，红蛋的观赏效果非常好，但是强光下需要加强肥料的供应。红蛋在水中无法开花。可以利用叶柄分出的子株或者根部发出的新芽来繁殖。水温以22～28℃为宜，需用高达45～50厘米的水族箱养殖，最好能够单独养殖。

## 根蘖繁殖的地毯草

地毯草又名“大叶油草”，是禾本科地毯草属多年生草本植物。原产于美国南部、墨西哥及巴西，现广泛分布于世界热带和亚热带地区，我国南方可见。

地毯草长有匍匐茎，高达15～40厘米；叶宽条形，质柔薄，叶长10～25厘米，宽6～10毫米。

地毯草主要用根蘖（niè）繁殖，极易成活。喜欢湿润，但在沼泽地和大半年时间都渗水的土壤上却生长不良。地毯草还耐贫瘠，耐酸性特别强，最适宜的pH为4.5～5.5。

## 喜欢旧水的铁皇冠

铁皇冠水中叶和水上叶的外观同型，具有条状根茎，下方长着黑色或黑褐色的不定根，上方长着长披针形的叶状体，深绿色，丛生，长10～20厘米，叶子最长可达30厘米，宽2～4厘米。

这种水草的适应能力良好，对光线需求极低，栽植非常容易。在水草箱里种植铁皇冠必须用细线将根茎固

**肚皮笑笑破**

儿子翻看影集，好奇地问妈妈：“妈妈，和你站在一起照相的年轻人是谁？头发黑黑、挺结实的这个。”

“傻孩子，那是你爸爸。”

“是爸爸？那么现在和我们住在一起的秃头大胖子又是谁呢？”

着于石头或沉木上，这样在水草箱造景时，会产生特殊的营造效果。在水中栽培时，要注意不能让水质的酸碱度急剧变化。铁皇冠比较喜欢旧水，所以两星期换一次水即可。

## 与众不同的菹草

菹(jù)草又叫“虾藻”“虾草”“麦黄草”，是眼子菜科眼子菜属的多年生沉水草本植物。分布于我国南北各省，在世界上分布也比较广泛。

菹草长有圆柱形的根茎，茎稍扁，多分枝，近基部常匍匐于地面，于节处生出疏或稍密的须根。叶条形，没有叶柄，先端钝圆，基部与托叶合生，但不形成叶鞘，叶缘呈浅波状，具疏或稍密的细锯齿。花果期 4 ~ 7 月。

生于池塘、湖泊、溪流中，静水池塘或沟渠较多。可做鱼的饲料或绿肥。

菹草的生命周期与多数水生植物不同，它在秋季发芽，冬春生长，6 月后逐渐衰退腐烂，同时形成鳞枝（冬芽）以度过不适环境。冬芽在水温适宜时才开始萌发生长。

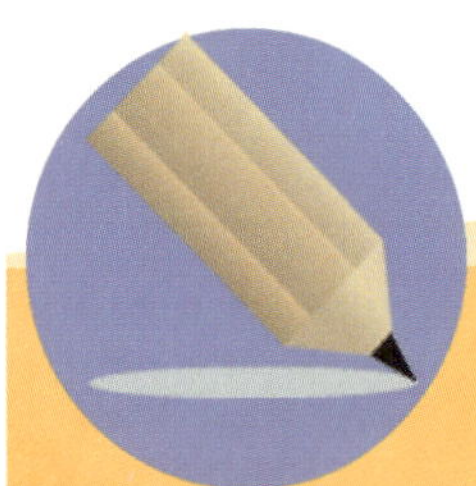

### 我来考考你

1. 你知道的观赏水草有哪些？
2. 因植株蓬大、雄伟壮观，被称为“水草之王”的是（　　）。
   A. 太阳草　　B. 神仙草　　C. 小海帆　　D. 皇冠草

# 农田杂草

农田杂草是指生长在农田中非人类有目的栽培的植物。比如玉米田里的稗(bài)草、狗尾草、马齿苋(xiàn)等野生植物。农田杂草会与作物争夺养料、水分、阳光和空间，妨碍田间通风透光，增加局部气候温度，有些则是病虫中间寄主，会促进病虫害发生；寄生性杂草能直接从作物体内吸收养分。总之，农田杂草直接或间接影响着农业生产，影响着农作物的产量和品质。

## 密生白毛的白茅

白茅别名“茅草”“茅根”“茅柴”“甜根草”“茅针”“丝毛草”，属禾本科多年生世界性的恶草。春季先开花，后生叶子，花穗上密生白毛。

一般 3 月下旬至 4 月上旬根茎发芽出土，5 ~ 6 月即抽穗开花。秆丛生，直立，高 20 ~ 80 厘米， 2 ~ 3 节，节具白色长柔毛。叶片条形或条状披针形，多集结于基部。花簇稀疏，银白色，小穗生有许多丝状白色长毛。

白茅根茎和种子均能繁殖。匍匐根茎细长，横卧地下，节上具褐色或淡黄色鳞片状叶和不定根，繁殖力极强，蔓延的速度很快。其根茎如遭切割，切割的长度和埋入的深度能左右其成活率。白茅根茎可食，叶子可编蓑 (suō) 衣。

**蝶恋花**

周邦彦

月皎惊乌栖不定。更漏将阑，轳辘牵金井。唤起两眸清炯炯，泪花落枕红绵冷。

执手霜风吹鬓影。去意徘徊，别语愁难听。楼上阑干横斗柄，露寒人远鸡相应。

## 适应性强的稗草

稗草又称“稗子”，为一年生草本植物，多生于水田、田边、菜园、茶园、果园、苗圃及村落住屋周围隙地。全国水稻种植区均有分布。

于春季气温 10 ~ 11℃以上时开始出苗，6 月中旬抽穗开花，6 月下旬开始成熟。

稗草喜温暖、潮湿环境，适应性强，生长茂盛。为水稻田危害最严重的杂草，一般比水稻成熟期要早，与水稻的伴生性强，极难清除；亦发生于潮湿旱地，危害棉花、大豆等秋熟旱作物。

稗草也不是一无是处，其实，它是一种很好的饲养原料；茎叶纤维可用作造纸原料。

## 株秆丛生的棒头草

棒头草为一年生草本，除东北、西北外几乎分布于我国各地，多生长于潮湿地区。

棒头草成株秆丛生，光滑无毛，披散或基部膝曲上升，有时近直立，具 4 ~ 5 节，株高 15 ~ 75 厘米。

棒头草以幼苗或种子越冬。在长江中下游地区，10 月中旬至 12 月上中旬出苗，翌年 2 月下旬至 3 月下旬返青，同时越冬种子亦萌发出苗，4 月上旬抽穗、开花，5 月下旬至 6 月上旬颖果成熟，盛夏全株枯死。

在稻茬麦田，棒头草的发生量远比大豆等旱茬地多。棒头草为夏熟作物田杂草，主要危害小麦、稻子、油菜、绿肥和蔬菜等作物。

## 类似小麦的毒麦

毒麦又称“黑麦子”“小尾巴麦”“闹心麦”，为禾本科黑麦属的一年生草本植物，属于田间常见的杂草。盛产于叙利亚和巴勒斯坦一带。

幼苗鲜绿色，基部紫红色，后变为绿色；毒麦的茎可以长到 1 米高，穗状花序长达 10 ~ 25 厘米。其颖果呈紫色。

毒麦经常和重要的农作物小麦混生在一起。毒麦的外形非常类似小麦，然而其籽粒中含有毒麦碱，人、畜食后都能中毒。尤其未成熟的毒麦或在多雨季节收获时混入收获物中的毒麦毒力最大，是典型的恶性杂草。

## 繁殖力强的看麦娘

看麦娘别名“麦娘娘”“棒槌草”，一年生或越年生草本植物。分布于全国各地。

看麦娘秆少数丛生，细瘦，全体光滑无毛，节处常膝曲，高 15 ~ 40 厘米。叶鞘光滑，短于节间；叶舌膜质，叶片扁，叶片近直立。圆锥花序圆柱状，灰绿色；小穗椭圆形或卵状椭圆形；颖膜质，基部互相联合，脊上有细纤毛，侧脉下部有短毛。

**ABC 洋话天天说**

A：Do you want something to eat？
B：Yes，I want to eat some fruit.
A：你想吃点儿什么吗？
B：是的，我想吃些水果。

看麦娘由种子繁殖，繁殖力较强，喜湿润，种子发芽的最低温度为 5℃，最适宜温度为 15 ~ 20℃，高于 25℃时多数不能萌发。以幼苗或种子越冬，种子休眠期为 3 ~ 4 个月。子实随成熟随脱落，带稃颖漂浮水面传播扩散。看麦娘多生长在比较湿润的田野及道旁。部分稻麦轮作麦田等受其危害严重。

## 果园常见的狗牙根

狗牙根又名“百慕达”“绊根草”“爬地草”，多年生草本植物。狗牙根广泛分布于温带地区，我国的华北、西北、西南及长江中下游等地都有分布，我国黄河流域以南各地均有野生种。

狗牙根具根状茎或匍匐茎，直立秆高10～30厘米。匍匐茎发达，坚硬而光滑，长可达1米以上。

狗牙根发生期长，生命力强，繁殖迅速，蔓延迅速，成片生长，不怕践踏，危害较重。常成单一群落生于向阳山坡、路旁、荒地、农田和果园。在我国苹果产区多有发生，是果园重要杂草之一。此外，它是飞虱、叶蝉、蚜虫、稻瘿蚊、铁甲虫等的寄主，并能感染小麦全蚀病和水稻纹枯病。

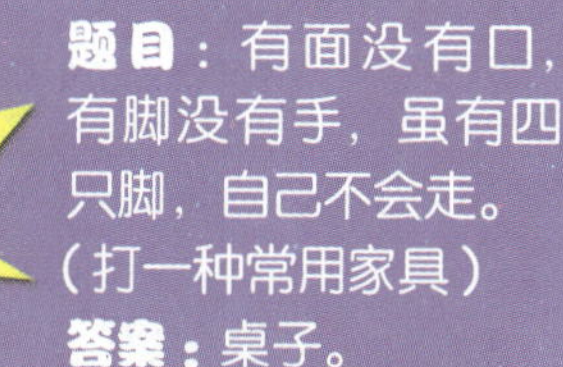


**题目**：有面没有口，有脚没有手，虽有四只脚，自己不会走。（打一种常用家具）
**答案**：桌子。

## 形似狗尾的狗尾草

狗尾草别名“绿狗尾草”“谷莠子”，禾本科一年生草本植物。狗尾草为常见的杂草，全国各地均有分布。

狗尾草叶片呈线形，狭披针形或线状披针形。圆锥花序圆柱状，刚毛粗糙，通常绿色或褐黄色。形似狗尾，夏季开花；小穗两至数枚成簇着生在缩短的分枝上。

狗尾草适应性强，对土壤水分和肥力要求不高，相当耐旱耐瘠。生于农田、荒地、路旁等处，主要危害麦类、谷子、玉米、棉花、豆类、花生、薯类、蔬菜、甜菜、马铃薯、果树等旱田作物。发生严重时可形成优势种群密被田间，争夺肥水能力强，造成农作物减产。

## 生命力顽强的早熟禾

早熟禾又称“小鸡草”，为纤细的一年生或多年生禾草。分布在温暖和凉爽地带，约250种。

早熟禾通常植株矮小，秆丛生，直立或基部稍倾斜，细弱，小穗，无刚毛，排列成簇，较稀疏。叶片狭窄，顶端呈船形。

早熟禾喜光，但耐阴性也强。耐旱性较强，不耐水湿。耐瘠薄，对土壤要求不严。耐寒性也强，在−20℃低温下能顺利越冬，−9℃下仍保持绿色；抗热性较差，在气温达到25℃左右时，逐渐枯萎。

早熟禾为夏熟作物田及蔬菜田杂草，危害农业生产，需要人工防除。早熟禾亦常生长于路边、宅旁，是一种常见的杂草。

## 危险的杂草——假高粱

假高粱别称“石茅高粱”“阿拉伯高粱”“宿根高粱”“约翰逊草”，为多年生草本植物。原产地中海地区，现在已传入很多国家。

假高粱能以种子和地下茎繁殖，是宿根多年生杂草，有着超强的繁殖能力。一株植株可以产近 3 万粒种子，每平方千米面积上的所有地下茎总长度可达 86 ~ 450 千米，能萌发的芽数可达 1400 万个。

假高粱多生长在沟渠、河流、湖泊沿岸荒地及其附近的农田，危害高粱、玉米、棉花、苜蓿、黄麻、红麻、烟草、大豆、蔬菜、葡萄和柑橘等作物。此外，它还是高粱属作物病虫害的寄主。其花粉易与高粱属作物杂交，导致作物种子质量变劣，给农业生产带来很大的危害，被普遍认为是世界上最危险的农田杂草之一。

父亲问儿子：“你干吗喝这么多水呀？”

儿子：“我刚才吃了个苹果。”

父亲：“可这跟喝水有什么关系？”

儿子：“刚才我忘记洗苹果了。”

## 基部分枝的节节草

节节草为木贼科木贼属植物，广泛分布于世界各地。草根茎黑褐色。茎一型，直立或斜上，高 18 ~ 100 厘米，基部分枝，各分枝中空，灰绿色或绿色。叶退化，在下部联合成鞘，鞘片背面光滑，鞘齿短三角形，为黑色，生有膜质尖尾，容易脱落。

节节草以根茎或孢子繁殖。喜近水处，常见于沙质地农田、沟岸、路旁或水边湿地。节节草为农田杂草，主要危害花生、大豆、棉花、小麦、马铃薯、薰衣草等旱作物。

## 多生于水边的芦苇

同学们可能都见过生活在河边的芦苇，其别称为“苇子”“芦柴”。多年水生或湿生的高大禾草，全国均有分布。

芦苇长有长而粗壮的匍匐根状茎，高1～3米。秆直立，节下常有白粉。叶鞘无毛或具细毛；叶舌有毛；叶片披针形。

芦苇以根茎繁殖为主，种子也能繁殖。在大部分地区，根茎芽早春萌发，夏末抽穗开花，晚秋成熟。种子成熟后随风飞散。

芦苇多生于河旁、灌溉沟渠旁、沼泽地、湖边和海岸滩涂上，适生在低地、湿地或浅水中，常单生成大片苇塘，也有零散混生群落。主要危害小麦、大豆、玉米、水稻等多种旱田及水田作物。

## 根系发达的苍耳

苍耳为一年生草本，广布全国各地。苍耳高可达1米。叶卵状三角形或心形，顶端尖，基部浅心形至阔楔形，边缘有不规则的锯齿或常呈不明显的浅裂，两面有贴生糙伏毛；叶柄密被细毛。果实呈壶体状，无柄，长椭圆形或卵形，表面具钩刺和密生细毛，若有人从旁边走过，苍耳果实就会粘在他们的衣服上。

苍耳喜温暖稍湿润的气候，喜欢疏松肥沃、排水良好的沙质壤土，耐干旱瘠薄。常生于农田、路旁和荒地。根系发达，入土较深，不易清除和拔出。常危害棉花、豆类、薯类、花生、玉米、甜菜、蔬菜、果树等作物。此外，也是棉蚜、棉铃虫和向日葵菌核病的寄主。另外，苍耳全株有毒，果实特别是种子毒性较大。

## 农田常见的反枝苋

反枝苋别名“野苋菜”“西风谷”“苋菜”，一年生草本植物。我国东北、华北、西北及河南、江苏等地广泛分布，为常见杂草。

反枝苋茎直立，高20～80厘米，有分枝，密生短柔毛。叶互生，具长柄，叶片卵形至椭圆状卵形，先端稍凸或略凹，有小芒尖，两面和边缘具柔毛。种子圆形至倒卵形，表面黑色。

反枝苋依靠种子繁殖。种子发芽适宜温度为15～30℃，适宜土层深度在5厘米以内。多生于农田、菜园、果园、路旁及荒地，对棉花、花生、玉米、豆类、瓜类、薯类、蔬菜、果树等作物有危害。另外，该植物可富集硝酸盐，家畜过量食用后会引起中毒。

## 叶下被粉粒的藜

藜(lí)又叫“灰菜”，一年生草本，为苋科藜属的植物。分布于全球温带及热带，中国各地均可见。

藜高 60 ~ 120 厘米。茎直立粗壮，有棱和绿色或紫红色的条纹，多分枝；枝上升或开展。单叶互生，有长叶柄；叶片菱状卵形或披针形，先端急尖或微钝，基部宽楔形，边缘常有不整齐的锯齿，下面灰绿色，被粉粒。

藜生于较湿润、肥沃的农田、路边、荒地、宅旁、菜园、果园等处，危害棉花、豆类、薯类、蔬菜、花生、甜菜、小麦、玉米、果树等作物。

## 茎枝被柔毛的苘麻

苘(qǐng)麻又叫“香铃草”，一年生亚灌木状草本。苘麻高达 1 ~ 2 米，茎枝被柔毛，茎皮纤维色白，具光泽，可作为编织麻袋、搓绳索、编麻鞋等的纺织材料；叶互生，圆心形，被星状细柔毛，先端长渐尖，基部心形，两面均被星状柔毛，边缘具细圆锯齿；托叶早落。

苘麻为喜温短日照作物，苗期较耐寒。常见于农田、荒地或路旁，对棉花、豆类、薯类、瓜类、蔬菜等作物危害较重。

## 茎喜缠绕的葎草

葎(lǜ)草别名“拉拉藤”“拉拉秧”“锯锯藤”“葛麻藤”“五爪龙”，多年生茎蔓草本植物。

葎草株长 1 ~ 5 米，雌雄异株，通常群生，茎枝和叶柄上密布倒刺，叶片呈掌状。其匍匐茎生长蔓延迅速，喜欢缠绕其他植物生长，有分枝，具纵棱。

葎草主要靠种子繁殖，耐寒，抗旱，喜肥、喜光。常缠绕在农作物或者果树上，严重影响其他植物的生长。另因其倒刺对人皮肤易造成伤害，也会妨碍人类的生产活动。

## 长有块根的香附子

香附子别名“莎草”“回头青”“三棱草”“旱三棱”“三棱子”，属莎草科多年生杂草。常形成单一的小群落或与其他植物混生，是一种危害较大的恶性杂草。

香附子具有较长的棋盘式的匍匐根状茎和块根，在土层中形成一个网状的群体。秆散生，直立，高20～90厘米，锐三棱形，无毛。

越冬的块根是次年主要的繁殖体，每个块根有10～40个潜伏芽，当10厘米处的土温到达10℃以上时，潜伏芽开始萌动，萌芽的数量往往和休眠前积累的营养多少有关。多生于山坡草地、耕地、路旁水边潮湿处。

## 可恶的空心莲子草

空心莲子草别名“水花生”“革命草”“螃蜞菊”“喜旱莲子草”“空心苋”“水旱菜”“湖羊草”，属苋科多年生宿根植物。原产于巴西，20世纪三四十年代传入中国，是危害性极大的入侵物种，一般簇生或大面积形成垫状物漂于水面。

空心莲子草以根茎芽繁殖，茎基部匍匐，上部上升，或全株偃卧，着地或水面生根。

空心莲子草为水陆两栖的多年生植物。它的适应性和无性繁殖的能力极强，能在任何水域或土壤中生长繁殖。广泛的适应性决定了它顽强的生命力，很难找到它的薄弱环节。

空心莲子草主要在农田、空地、鱼塘、沟渠、河道等环境中生长，已成为当前亟待解决的草害问题。它不仅危及生物多样性和破坏生态环境，还危害人畜的健康。但是采用人工铲锄法反而助其扩张繁殖，只有采用内吸选择性的除草剂，才能达到治理效果。

## 攀附他物的菟丝子

菟(tù)丝子别名“无娘藤”“中国菟丝子”“金丝藤”“黄丝”“无根草”“金线草”，属旋花科一年生寄生性杂草。

菟丝子是一种生理构造特别的寄生植物，其组成的细胞中没有叶绿体。它利用爬藤状藤茎攀附在其他植物上，并且从接触宿主的部位伸出尖刺，戳入宿主直达韧皮部，吸取养分以维生。菟丝子藤茎生长迅速，不断分枝攀缠果株，并彼此交织覆盖整个树冠，形似“狮子头”。

菟丝子依赖种子繁殖，还能进行营养繁殖，一株菟丝子经常能结数千粒种子。它所寄生的植物范围很广，在新疆仅田野菟丝子就有100多种植物可以供其寄生。植物被寄生后，不仅产量减少，品质降低，而且有可能被传染植物病毒。

## 我来考考你

1. 你知道的农田杂草有哪些？
2. 下列植物中，其组成的细胞中没有叶绿体，利用爬藤状藤茎攀附在其他植物，并且从接触宿主的部位伸出尖刺，戳入宿主直达韧皮部，吸取养分以维生的是（　　）。

A. 菟丝子　　B. 草　　C. 苍耳　　D. 稗草

# 第四章 树的海洋

树木不仅能美化大自然的环境，而且是地球生态圈赖以存在的重要因素。在光合作用下，树木吸收二氧化碳，释放出氧气，在净化环境空气方面扮演着重要的角色。下面，就让我们来了解一下都有哪些有名的树木吧！

## 乔木类

乔木是指树身高大的树木，由根部发生独立的主干，树干和树冠有明显的区别。有一条直立主干，且高达 6 米以上的木本植物称为“乔木”。乔木可依其高度而分为伟乔、大乔、中乔、小乔等四级。我们经常能看见高大的乔木，有木棉、松树、白桦等。乔木按冬季或旱季落叶与否又分为落叶乔木和常绿乔木。

### 姿态雄伟的松树

松树多为高大乔木，树姿雄伟，枝叶繁茂，不怕风吹雨打，也不怕天寒地冻，民间视它为四季常青的吉祥物。松树是一个庞大的家族，全世界有 230 多种，其中我国就有 115 种，主要有金钱松、白皮松、云南松、海南松、杜松、罗汉松、美人松等。此外，素有盛名的还有红松、黄山松、马尾松等等。松树分布广、数量多、用途大，尤其在荒山绿化、园林建设、改善生态环境等绿色工程上有重要作用。

**诗词贝贝乐**

**凉州词**

王翰

葡萄美酒夜光杯，欲饮琵琶马上催。
醉卧沙场君莫笑，古来征战几人回。

## 长生不死的柏树

通常讲的柏树，是柏科树木的总称。柏树适应性很强，可以四海为家，哪怕定居在岩石山地，也照常披绿叠翠。它既能忍受40℃的酷暑，又能耐受−31℃的严寒，因此被称为“改造大自然的功臣”。柏树的生存能力很强，可以历经几千年的风吹雨打。在我国的园林寺庙、名胜古迹中，常常可以看到参天古柏。生长在陕西省黄陵县轩辕黄帝陵庙院内的黄陵古柏，高达20米，胸径10米，传说为轩辕黄帝亲手种植，已有四五千年的历史了。

## 平凡重要的杨树

杨树是最平凡的树种，在北半球温带和寒温带的森林中，有无数的杨树散生。它是一种喜光的阳性树种，要求长日照和有一定辐射强光的天气。杨树也是喜湿的树种，不宜种在丘陵和坡地上，一般长在河滩、江滩、山谷和湖滨。世界上有100多种杨树，单在我国就有53种之多。我国也是杨树起源的地方，有“杨树之乡”的称号。它虽然平凡，但作为主要树种之一，在华北平原地区四大用材树种中居于首位，由此可见它的重要性。

A：What did you have for lunch?
B：We had some dishes and rice.
A：你们中午吃的什么？
B：我们吃了一些菜和米饭。

## 插枝成荫的柳树

柳树又叫“杨柳”，种类较多，有垂柳、旱柳等，是一种普普通通的常见树木。柳树是一种生命力极强的树，只要给它一把土、一点雨露、一片阳光，把它的树枝插在那里，它就能活、能繁殖、能生长、能在那里撑起一片片绿色的空间。“有心栽花花不开，无心插柳柳成荫”正是对柳树顽强生命力的最好写照。

## 经济实用的樟树

樟树又名“香樟”“乌樟”“芳樟”。它的枝叶浓荫蔽地，树姿雄伟壮丽，最高可达四五十米，是营造园林、防风林的理想树种。樟树木材纹理细致，具有芳香，能驱虫，耐湿，易加工，是我国重要的经济树种，广泛用于建筑、家具、雕刻等。樟树还可以提制樟脑、樟油，是医药、化工、香料、防腐剂、农药的重要原料。种子可榨油，是制肥皂的良好原料。叶子可喂蚕，樟蚕丝是编织渔网的上好原料。樟脑、樟油是我国传统出口商品，产量居世界第一位。

## 独木成林的榕树

常言道，独木不成林。可是自然界就有能“独木成林”的榕树。榕树属于常绿大乔木，分布在热带和亚热带地区。它的树冠之大，令人惊叹不已。在孟加拉国的热带雨林中，生长着一株大榕树，郁郁葱葱，蔚然成林。从它树枝上向下生长的垂挂“气根”多达 4000 余条，落地入土后成为“支柱根”。这样，柱根相连、柱枝相托、枝叶扩展，就形成了遮天蔽日、独木成林的奇观。巨大的树冠投影面积能达到一万平方米以上，曾容纳一支几千人的军队在树下躲避骄阳。

**题目**：颜色白如雪，身子硬如铁，一日洗三遍，夜晚柜中歇。（打一种饮食器皿）

**答案**：碗。

## 绝处逢生的水杉

水杉是落叶大乔木，是一种古老的稀有树种。过去，人们以为水杉在世界上早已绝迹。到了20世纪40年代，我国植物学家在四川省万县发现了水杉，成为当时国际植物学界的一条重大新闻。现在，水杉这个古老的树种已经在全国各地广泛栽种，真可谓是绝处逢生。水杉对环境的适应性强，生长迅速，树干通直圆满，材质较好，可以制作家具和应用在建筑上。水杉的树形优美，是一种良好的绿化树种。

## 一根独支的银杏

银杏树又名“白果树”，是世界上十分珍贵的树种之一，是古代银杏类植物在地球上存活的唯一品种，因此植物学家们把它看作植物界的“活化石”，并与雪松、南洋杉、金钱松一起，并称为“世界四大园林树木”。银杏树躯干挺拔，树形优美，耐污染力高，寿龄长达数千年。它以苍劲的体魄、独特的性格、清奇的风骨、较高的观赏价值和经济价值而受到世人的钟爱和青睐。白果是银杏树的果实，它的品味甘美，经过加工之后，可以制成各种风味的饮料和老幼皆宜的食品。

## 植物界的“大熊猫”——银杉

银杉是我国特有的世界珍稀物种，和水杉、银杏一起被誉为植物界的“大熊猫”“活化石”。银杉在我国首次发现的时候，和水杉一样，也曾引起世界植物界的巨大轰动。银杉为松科常绿乔木，主干高大通直，挺拔秀丽，树冠较疏，枝条不规则，枝叶茂密而且辐射伸展，尤其是在它碧绿的线形叶背面有两条银白色的气孔带，每当微风吹拂，便银光闪闪，更加诱人，银杉的美称便由此而来。

三个同学聚在了一起，谈论起各自的爸爸。

一个同学说："我爸爸可是个大学的教授，人们都特别尊敬他，每次见他面，都打招呼称他'教授先生'。"

第二个同学说："你爸爸那算什么啊，我爸爸可是个主教，人们谈论起他的时候，都尊称他为'主教大人'。"

第三个同学很不屑地对前面两个说："你们的爸爸那都不算什么的，我爸爸有300多磅，别人看见了他，都会大声地叫道：'噢！我的上帝啊！'"

## » 荒漠里古老的勇士——胡杨

胡杨是最古老的杨树，在6000多万年前就在地球上生存了。它树高15～30米，能从根部萌生幼苗。胡杨也是唯一能在干旱沙漠中生长，并构成浩瀚森林的古老树种。全世界90%的胡杨生长在中国，而中国90%以上的胡杨生长在塔里木河流域。因此，新疆是我国乃至世界胡杨分布最多的地区。在塔里木河下游，胡杨林顽强地阻挡着塔克拉玛干沙漠和库姆塔格沙漠的合拢，被称为"沙漠勇士"。

### 四季翠绿的法国冬青

法国冬青又名“珊瑚树”，为忍冬科荚属，常绿乔木。原产于亚热带国家，现在我国广泛栽培。

法国冬青高达 10 ~ 15 米，枝灰色或灰褐色，有凸起的小瘤状皮孔，无毛或有时稍被褐色簇状毛。

法国冬青一年四季翠绿，遮蔽效果好，又耐修剪，因此是制作绿篱的理想材料。在规则式园林中常整形修剪为绿墙、绿门或绿廊，但在观赏上显得自然活泼，而且扩大了园林的空间感。作为一种防风能力很强的树种，法国冬青已和其他树种一起成为防护林带的主力军。它既可防风固沙，减少强风对城市的侵袭，改善城市的环境条件，又可降低大气中二氧化碳的含量。

我来考考你

1. 你知道的乔木类树有哪些？
2. 世界四大园林树木指的是（　　）。
   A. 雪松、南洋杉、金钱松、银杏　　B. 橡皮树、松树、柏树、杨树
   C. 南洋杉、金钱松、银杏、橡皮树　　D. 松树、柏树、杨树、雪松

## 灌木类

灌木是指那些主干低矮，或者没有明显的主干，呈丛生状态的树木，一般可分为观花、观果、观枝干等几类，是矮小而丛生的木本植物。灌木植株一般比较矮小，不会超过 6 米，从近地面的地方就开始丛生出横生的枝干。灌木主要有：直立灌木、垂枝灌木、蔓生灌木、攀援灌木、丛生灌木。高度不超过 0.5 米的称为“小灌木”；地面枝条冬季枯死，第二年春重新萌发者，称为“半灌木”或“亚灌木”。

### 雅洁可爱的六月雪

六月雪俗称“满天星”，为常绿或半常绿丛生小灌木。六月雪原产于我国江南各省，

从江苏到广东都有野生分布。六月雪植株低矮，株高不足1米，分枝多而稠密，看上去有些纷乱。嫩枝绿色有微毛，揉之有臭味，老茎褐色，有明显的皱纹，幼枝细而挺拔。叶对生或成簇生小枝上，长椭圆形或长椭圆披针状。六月开花，远看如银装素裹，犹如六月飘雪，雅洁可爱，故名"六月雪"。

六月雪对温度要求不严，在华南为常绿，西南为半常绿。因为六月雪适应性强，栽培养护较简单，但因其畏烈日暴晒，生长期宜放置在半阴湿润的树荫等处，否则会因光照太强而影响生长，不利观赏。

## 果实鲜艳的南天竹

南天竹属小檗科南天竹属常绿灌木，又名"红杷子""天烛子""红枸子""钻石黄""天竹""兰竹"。

诗词贝贝乐

**霜叶飞·重九**

吴文英

断烟离绪。关心事，斜阳红隐霜树。半壶秋水荐黄花，香噀西风雨。纵玉勒、轻飞迅羽，凄凉谁吊荒台古？记醉踏南屏，彩扇咽寒蝉，倦梦不知蛮素。　聊对旧节传杯，尘笺蠹管，断阕经岁慵赋。小蟾斜影转东篱，夜冷残蛩语。早白发、缘愁万缕。惊飙从卷乌纱去，谩细将、茱萸看，但约明年，翠微高处。

南天竹株高约2米，全株无毛；直立，少分枝。老茎浅褐色，幼枝红色；叶对生，小叶椭圆状披针形，强光下叶色变红；圆锥花序顶生，花很小，白色，花期5～7月；浆果球形，熟时鲜红色，偶有黄色。

南天竹多生于湿润的沟谷旁、疏林下或灌丛中。由于南天竹植株优美，果实鲜艳，对环境的适应性强，因此近几年常常出现在园林应用中。南天竹也可用于室内盆栽，或者观果、切花。

## 叶形奇特的十大功劳

十大功劳又名“猫儿头”，为常绿灌木。十大功劳原产亚洲东南部，有阔叶与狭叶两种。

十大功劳高可达2米，根和茎断面为黄色；叶互生，羽状复叶，长15～30厘米。小叶披针形，长5～12厘米。侧生小叶片等长，顶生小叶最大，均无柄，先端急尖或渐尖，基部狭楔形，边缘有6～13刺状锐齿。托叶细小。花黄色，细小，多数花相聚而生，夏初开放。

由于十大功劳的叶形奇特，在江南园林中常丛植于假山一侧或定植在假山中，也可栽在干燥的室内。在园林中可植为绿篱和果园、菜园的四角作为境界林，还可盆栽放在门厅入口、会议室、招待所等处。有十大功劳的地方就会显得清幽可爱。

## 金黄色的金叶女贞

金叶女贞为木犀科女贞属半绿小灌木，被誉为“金玉满堂”，由加州金边女贞与欧洲女贞杂交育成。

金叶女贞高2～3米，冠幅1.5～2米。叶片较大叶女贞稍小，单叶对生，椭圆形或卵状椭圆形，长2～5厘米。总状花序，花为白色。核果阔椭圆形，紫黑色。叶色金黄，尤其在春秋两季色泽更加闪亮。

金叶女贞叶色呈鲜艳的金黄色，可与红叶的紫叶小檗、红叶继木，绿叶的龙柏、黄杨等组成灌木状色块，形成强烈的色彩对比，具极佳的观赏效果。由于金叶女贞叶色金黄，所以大量应用在园林绿化中，主要用来组成图案和建造绿篱。

**ABC 洋话天天说**

A：What would you like to eat?
B：I' d like to have some icecream.
A：你想吃点什么？
B：我想要一些冰淇淋。

## 春花秋果的紫叶小檗

紫叶小檗别名“红叶小檗”，为小檗科小檗属落叶多枝灌木。原产于我国东北南部、华北及秦岭，多生于海拔 1000 米左右的林缘或疏林空地。

紫叶小檗株高 2 ~ 3 米。叶深紫色或红色，幼枝紫红色，老枝灰褐色或紫褐色，有槽，有刺。叶全缘，菱形或倒卵形，在短枝上簇生。花单生或 2 ~ 5 朵组成短总状花序，花为黄色，下垂，花瓣边缘有红色纹晕，花期为 4 月。浆果红色，果熟期 9 ~ 10 月。

春开黄花、秋缀红果的紫叶小檗，是叶、花、果俱美的观赏花木，适宜在园林中做花篱或在园路角隅丛植，或者为大型花坛镶边，或者剪成球形对称状配植，或者点缀在岩石间、池畔。

儿子：“妈妈！你看那个猴子多像旁边的叔叔！”

妈妈：“怎么这么说话，人家该生气啦！”

儿子：“没关系，猴子听不懂的。”

## 四季发红的红叶继木

红叶继木为常绿植物，原产于我国西南部。春季开红花，叶一年四季发红，观叶价值较高。嫩枝被暗红色，嫩叶淡红色，越冬老叶暗红色。不同株系成熟时叶色、花色各不相同，叶片大小也有不同。

红叶继木喜温暖、湿润及阳光充足的环境，耐寒、耐半阴、耐干旱。种植以疏松、肥沃的土壤为佳。小苗移栽以春季为佳，宜带宿土，大苗带土球。耐修剪，可根据需要进行造型。将修剪后的红叶继木和其他植物成丛地点缀于园林绿地中，既丰富了景观色彩，又活跃了园林气氛。如果与绿色树种丛植，能起到锦上添花的作用。以红叶继木为主要树种成群成片地种植，构成风景林，独特的叶色和姿态一年四季都很美丽。

## 形姿雅致的铁海棠

铁海棠又叫“虎刺梅”，为多刺直立或稍攀援性小灌木。原产于马达加斯加，是受欢迎的室内植物，热带地区种植于庭园。

铁海棠株高 1 ~ 2 米，多分枝，体内有白色浆汁；茎和小枝有棱，棱沟浅，密被锥形尖刺；叶片密集着生新枝顶端、倒卵形，叶面光滑、鲜绿色；花有长柄，有2枚红色苞片，花期冬春季，南方可四季开花；果实为扁球形。

由于铁海棠花色鲜艳，开花期长，红色苞片，鲜艳夺目，形姿雅致，栽培容易，深受人们喜爱。另外，因其幼茎柔软，常用来绑扎孔雀等造型，成为宾馆、商场等公共场所摆设的精品。

## 全年红色的红瑞木

红瑞木为落叶灌木，高约3米。树皮紫红色，老干暗红色，枝丫血红色；叶对生，椭圆形；聚伞花序顶生，花乳白色，花期5～6月；果实乳白或蓝白色，成熟期8～10月。

红瑞木喜欢潮湿温暖的生长环境，适宜温度为22～30℃，光照要充足。红瑞木在排水通畅、养分充足的环境中生长速度非常快。

由于红瑞木枝干全年红色，是园林造景的异色树种。秋叶鲜红，小果洁白，落叶后枝干红艳如珊瑚，是少有的观茎植物，也是良好的切枝材料。园林中多丛植于草坪上或与常绿乔木相间种植，可得红绿相映之效。

## 全身是宝的枸杞

枸杞是茄科枸杞属的多分枝灌木植物，株高0.5～1米，栽培时可达2米多。常生于山坡、荒地、丘陵地、盐碱地、路旁及村边宅旁。除普遍野生外，各地也有做药用、蔬菜或绿化栽培。

枸杞全身是宝。枸杞嫩叶亦称“枸杞头”，可食用或做枸杞茶。研究发现，枸杞子有降低血糖、抗脂肪肝作用，并能抗动脉粥样硬化。此外，枸杞还可用作园林绿篱栽植、树桩盆栽以及水土保持等。

## “海岸卫士”——红树

红树高2～4米，被称为“海岸卫士”，具有抵御风浪的作用，几百米长的红树林就可以抵御台风的袭击。红树一般生长在沿岸而泥土松软淤积的潮间带，这些地方的基层不稳定、土壤缺氧及含有相当高的盐分。这样恶劣的环境中，红树却能够很好的生长。

红树能从沼泽性盐渍土中吸取水分及养料，这是红树能在潮滩盐土中扎根生长的重要条件。红树的根系分为支柱根、板状根和呼吸根。一棵红树的支柱根可有30多条。这些支柱根像支撑物体最稳定的三脚架结构一样，从不同方向支撑着主干。红树是海滩防潮护岸绿化的极好材料，也可用于盆栽。

## “五不死”树——沙柳

沙柳的小枝幼时具绒毛，以后渐变光滑。树皮幼时多为紫红色，有时绿色，老时多为灰白色。茎表层角质层较发达。叶互生，在叶缘及中肋外被又一层角质层，叶边缘皮下还有两层下皮层，气孔微凹。果为蒴果，长圆形。

沙柳形如火炬，具有干旱旱不死、牛羊啃不死、刀斧砍不死、沙土埋不死、水涝淹不死的“五不死”特性。沙柳生长迅速，枝叶茂密，根系非常发达，最远能够延伸到100多米，一株沙柳就可将周围流动的沙漠牢牢固住，是北方防风沙的主力和“三北防护林”的重要树种。

**题目**：一个小姑娘，生在水中央，身穿粉红衫，坐在绿船上。（打一种花）
**答案**：荷花。

### 我来考考你

1. 你知道的灌木类树木有哪些？
2. 具有干旱旱不死、牛羊啃不死、刀斧砍不死、沙土埋不死、水涝淹不死的“五不死”特性的树是（　　）。
   A. 火棘　B. 海桐　C. 铁海棠　D. 沙柳

## 藤本类

藤本类植物又名“攀缘植物”，是指茎部细长，不能直立，只能依附在树、墙等物体上的一类植物，最典型的为葡萄。藤本植物一直是造园中常用的植物材料，随着可用于园林绿化的面积愈来愈小，充分利用攀援植物进行垂直绿化是拓展绿化空间，增加城市绿化量，提高整体绿化水平，改善生态环境的重要途径。

送元二使安西
王维

渭城朝雨浥轻尘，客舍青青柳色新。
劝君更尽一杯酒，西出阳关无故人。

## 蔓茎细长的牵牛

牵牛属于一年或多年生草本缠绕植物。原产地在中国南部、南美洲以及非洲。

牵牛蔓茎细长，长 3 ~ 4 米，全株多密而短的刚毛，在刚毛的作用下，牵牛蔓茎能够到处爬。牵牛开的花，像一个一个小喇叭，有蓝色、紫色、粉色、红色等等，非常美丽。牵牛是篱垣栅架垂直绿化的良好材料，因其花型变化多样，花色丰富多彩，故常用于绿化。

其实牵牛也适宜盆栽观赏。待盆土落实后，可以在盆中心直插一根 1 米长的细竹竿。再用 3 米左右长的铁丝，一端齐土面缠在竹竿上，然后自盆口盘旋向上，形成下大上小匀称的塔形盘旋架。铁丝上端固定在竹竿顶尖。牵牛为左旋植物，铁丝的盘旋方向必须符合牵牛花向左缠绕的习性，当牵牛的主蔓沿着铁丝爬到竿顶时，摘去顶尖。侧蔓每长到 6 ~ 7 片叶时掐尖，这样可以不断发蔓开花。

## 疏条纤枝的野蔷薇

野蔷薇又名“蔷薇”“多花蔷薇”，为落叶攀缘性藤本灌木。高达 2 ~ 3 米，茎枝具扁平皮刺；奇数羽状复叶互生，有小叶 5 ~ 9 枚，卵形或椭圆形，缘具锐齿，先端钝圆具小尖，基部宽楔形或圆形，叶表绿色有疏毛，叶背密被灰白绒毛，托叶下常有刺；花多朵，呈密集圆锥状伞房花序，花期 4 ~ 5 月。

由于野蔷薇疏条纤枝，横斜披展，叶茂花繁，色香四溢，因此是良好的春季观花树种，适用于花架、长廊、粉墙、门侧、假山石壁的垂直绿化。另外，它也是嫁接月季的砧（zhēn）木。

## 触地生根的络石

络石又叫“石龙藤”，为常绿木质藤本灌木，常攀缘在树木、岩石、墙垣上生长。我国黄河以南各省都有分布。

络石枝蔓长 2 ~ 10 米，有乳汁。老枝光滑，节部常发生气生根，幼枝上有茸毛。单叶对生，椭圆形或阔披针形，长 2.5 ~ 6 厘米，先端尖，革质，叶面光滑，叶背有毛，叶柄很短。初夏 5 月开白色花。

络石四季常青，花皓洁如雪，幽香袭人。可植于庭园、公园、院墙、石柱、亭、廊、陡壁等处攀附点缀。因其茎触地后易生根，耐阴性好，所以它也是理想的地被植物，可做疏林草地的林间、林缘地被。

## 》藤蔓缠绕的忍冬

忍冬又名“金银花”，为常绿缠绕藤本植物。原产我国，北起东三省，南到广东、海南，东从山东，西到喜马拉雅山均有分布。

忍冬茎皮条状，枝空；叶对生，卵形或近心形；花期长，有 2 ~ 3 个月时间。长江流域地区盆栽种植时，初花一般在 4 月中旬。常见品种有红忍冬、白忍冬、四季忍冬。红忍冬花冠外面带红色；白忍冬花开时白色，后变黄色；四季忍冬春夏秋末陆续开花不断。

忍冬喜温暖、稍湿润和阳光充足的环境，虽也耐阴，但在隐蔽环境中易引起植株徒长、枝条瘦弱、叶片薄小，不易开花，影响株形美观。长势较好的忍冬藤蔓缠绕，枝叶茂盛，香气浓郁。

由于忍冬匍匐生长能力比攀缘生长能力强，故更适合于在林下、林缘、建筑物北侧等处做地被栽培；还可以做绿化矮墙；亦可以利用其缠绕能力制作花廊、花架、花栏、花柱以及缠绕假山石等。

**ABC 洋话天天说**

A：What's on TV today?
B：There is a thriller today on channel 6.
A：今天有什么电视节目？
B：今天在第六频道有一部惊悚片。

## 》茎蔓蜿蜒的紫藤

紫藤古时亦称“藤萝”“招豆藤”，是一种落叶攀缘缠绕性大藤本植物。原产中国，朝鲜、日本亦有分布。

紫藤为热带及温带植物，对气候和土壤的适应性比较强。主根深，侧根浅，不适合经常移栽。生长较快，寿命很长。缠绕能力强，甚至对其他植物有绞杀作用。3 月长出花蕾，4 月开花，每轴有蝶形花 20 ~ 80 朵。

紫藤为长寿树种，颇受人们的喜爱。成年的植株茎蔓蜿蜒屈曲，开花繁多，串串花序悬挂于绿叶藤蔓之间，瘦长的荚果迎风摇摆。在庭院中用其攀绕棚架，制成花廊，或用其攀绕枯木，有枯木逢生之意。还可做成姿态优美的悬崖式盆景，置于高几架上，别有韵致。

## 》攀附墙垣的凌霄

凌霄为落叶藤本植物，长可达 10 余米，适用于攀附

另外，著名的新疆哈密瓜、黄金瓜、白兰瓜、生梨瓜等为甜瓜变种。

肚皮笑笑破

小林："我好高兴，我的作文终于有进步了！"

妈妈："何以见得，进步这么快？"

小林："以前老师给我的评语总是两个字：不通！"

妈妈："现在老师怎么说？"

小林："实在不通！"

## 唇齿留香的黄河蜜

黄河蜜是甜瓜中的一种，"黄河蜜"意思是用黄河水浇灌而结出的瓜。黄河蜜盛产于甘肃省民勤县，其他县区也有种植。从南到北，越往北越干旱，而出产的黄河蜜也是越往北越甜。因其脆甜适口，味道鲜美，果肉致密，果皮坚韧，产量高而备受广大果农及消费者的欢迎。

黄河蜜为圆形，个不大，皮色黄亮似金，瓜瓤碧翠如玉，色泽极为诱人。瓜味甘甜，蜜汁沾唇，香气扑鼻，且有轻淡香醇的酒味。吃过的人会感到唇齿留香！

我来考考你

1. 你知道的瓜类水果有哪些？
2. 被称为"夏季水果之王"的是（　　）。
   A. 哈密瓜　　B. 木瓜　　C. 西瓜　　D. 甜瓜

## 浆果

浆果是由子房或联合其他花器发育而成的柔软多汁的肉质果。浆果种类很多，如葡萄、草莓、树莓、蓝莓、黑莓、桑葚等。浆果的营养成分因果实不同而异，外果皮为一到数层薄壁细胞。中果皮、内果皮和胎座均肉质化，含丰富浆汁。

## 酸酸甜甜的葡萄

葡萄又名“草龙珠”“水晶明珠”，是水果中的珍品，原产于西亚，据说是汉朝张骞出使西域时由中亚经过丝绸之路带入我国的，这样算来葡萄在我国的栽种历史已有2000年之久了呢。葡萄品种主要有白葡萄、紫葡萄、绿葡萄和红葡萄，我国吐鲁番盆地出产的无核白葡萄是葡萄中的名品。葡萄酸甜适口，水分多，营养丰富，含糖量高达10%～30%，大部分还是特别容易被人体直接吸收的葡萄糖。葡萄用途广泛，既可以直接食用，又可以加工成各种产品，如葡萄酒、葡萄汁、葡萄干等。

## 水果皇后——草莓

草莓又称“洋莓”“地果”“地莓”等。它的形状有点像鸡心，颜色红似玛瑙，果肉多汁，酸甜可口，芳香宜人，营养丰富，所以有“水果皇后”的美誉。据测定，草莓果肉中胡萝卜素、钙、磷、铁的含量是苹果、梨、葡萄的3～4倍。

## 浆果之王——蓝莓

蓝莓即“蓝色的浆果”。它是一种小浆果，果实呈蓝色，色泽美丽、悦目，并被一层白色果粉包裹，果肉细腻。蓝莓果实平均重0.5～2.5克，最大重5克，甜酸适口，且具有香爽宜人的香气，为鲜食佳品。

蓝莓果肉含丰富的维生素、蛋白质和矿物质等营养元素；蓝莓中独特的、珍贵的花青苷色素的含量在众水果中是名列前茅的；蓝莓中富含膳食纤维、脂肪、维生素等营养元素，这些营养元素都高于其他水果中的含量；蓝莓中还含有丰富的钙、铁、磷、锌等微量矿物元素，这些矿物元素的含量明显高于其他水果。

因为蓝莓营养价值极高，因此被称为“浆果之王”。

诗词贝贝乐

**浪淘沙**

欧阳修

把酒祝东风，且共从容。垂杨紫陌洛城东。总是当时携手处，游遍芳丛。
聚散苦匆匆，此恨无穷。今年花胜去年红。可惜明年花更好，知与谁同？

### 洋话天天说

A：What's the weather like today?
B：It is said it is going to rain.
A：今天天气怎么样？
B：据说今天将要下雨。

**题目**：独木造高楼，没瓦没砖头，人在水下走，水在人上流。（打一种用具）
**答案**：雨伞。

## 》民间圣果——桑葚

桑葚为桑科植物桑树的成熟果实。果实细小，呈圆球形，密集成串，嫩时色青味酸，成熟的桑葚肉质油润，酸甜适口，味甜多汁，以个大、肉厚、色紫红、糖分足者为佳。我国除严寒地区外，大部分地区均有栽培。辽宁的辽南地区、河北的承德地区产的桑葚，果实大而甜香味纯。

早在2000多年前，桑葚就已是中国皇帝御用的补品。因桑树特殊的生长环境使桑葚具有天然生长、无任何污染的特点，所以桑葚又被称为“民间圣果”。

桑葚果实中含有丰富的营养成分，营养是苹果的5～6倍，是葡萄的4倍。

一辆汽车在经过一个小村庄时，把一只鸭子给轧死了。司机捡起这只不幸的鸭子，对路边的小男孩说：“这只鸭子是你家的吗？”“不，我家的鸭子跟它的颜色、模样一样，但它没有这么扁。”

### 我来考考你

1. 你知道的浆果类水果有哪些？
2. 被称为“水果皇后”的水果是（　　）。
   A. 草莓　　B. 蓝莓　　C. 黑莓　　D. 桑葚

# 柑橘

柑橘类水果的果实具有丰富的营养成分和独特口味，除供鲜食外，还可以制成罐头、果汁、果酱、果酒、蜜饯等果品加工产品。柑橘类外果皮、中果皮紧贴在一起，组成韧性的果皮。外果皮含有很多油胞；中果皮呈海绵状，与外果皮之间界限不清；内果皮形成囊瓣，囊瓣内生着纺锤状的多汁突起物，称汁胞，是柑橘的主要食用部分。此类水果的口味多以酸甜为主。

## »酸甜可口的橘子

橘子色彩鲜艳、酸甜可口，是秋冬季常见的美味佳果。原产地中国。我国栽培橘子已经有 4000 多年的历史，主要产自长江中下游和长江以南地区。橘子营养十分丰富，一个橘子就几乎能提供人体每天所需的全部维生素 C。橘子还含有 170 余种植物化合物和 60 余种黄酮类化合物。

## »闪着金光的金橘

**泊秦淮**

杜牧

烟笼寒水月笼沙，夜泊秦淮近酒家。
商女不知亡国恨，隔江犹唱后庭花。

金橘为芸香科植物金橘的成熟果实，产于浙江、江西、广东、广西、四川等地。浙江黄岩的金橘驰名中外。

金橘多为椭圆体形，金黄色，有光泽，可食用。金橘不仅美观，还含有多种维生素、微量元素和金橘苷等成分。

## »香甜可口的甜橙

**洋话天天说**

A：It is raining outside. Better take an umbrella with you.

B：OK. But I'd like to take the raincoat with me.

A：外面下雨呢，你最好带把伞。

B：好的，但是我更想带雨衣。

甜橙是柑橘的一种，别名“黄果”“金环”，主要产于南方各省。甜橙在浆果中是比较大的，径长 7 ~ 9 厘米，球形或者椭圆体形，果皮淡黄、橙黄或淡血红色，较韧滑。油胞平生微突，果肉橙黄色或血红色，柔软多汁，香甜可口。果皮与果肉不易分离。

甜橙含有大量的糖和一定量的柠檬酸以及丰富的维生素 C，营养价值较高，色、香、味俱佳，是鲜食用的优良果品。

## »色泽鲜艳的脐橙

脐橙因为长花的地方像人的肚脐眼，故而得名。新中国成立前因从美国引进而称“美国脐橙”，上海市场上曾叫“花旗蜜橘”，香港市场上称其为“石榴笃橙”，浙江一带因其果形如母抱子，又称“抱子橘”。

脐橙品质优良，无籽多汁，色泽鲜艳，世界各国竞相栽培。

选购的时候需注意，外形为椭圆体或锥形及底部脐眼小者，味道较为鲜甜。反之，外形大小不一或呈标准球形者为次品，味道较为酸苦。

**思维对对碰**

**题目**：弟兄七八个，围着柱子坐，只要一分开，衣服就扯破。（打一种食物）

**答案**：蒜。

## »甘酸可口的柚子

柚子别名“文旦”，是芸香科植物柚的成熟果实，产于我国南方福建、江西、广东、广西等地区。其中福建的“坪山柚”“文旦柚”、广西的“沙田柚”是驰名中外的优良品种，它们与泰国的“暹罗柚”一起并称为“世界四大名柚”。

柚子小的如橙或橘，大的如瓜，黄色的外皮很厚，大多在 10 ~ 11 月份果实成熟时采摘。食用时需去皮吃其瓤粒，果肉较粗，味道甜酸可口，有的略带苦味。

柚子鲜食甘酸可口，沁人心脾，令人赞不绝口。另外，柚子还是中秋佳节亲人欢聚共赏明月的必备果品，是象征亲人团圆、生活美满幸福的佳果。

**肚皮笑笑破**

一场大雨过后，金帆拖着爸爸的一双大雨靴玩水。雨靴破了个洞，进水了。金帆想：这好办，只要再开个洞，让水流出去就行了。于是，他用剪刀在靴底又开了一个洞。可是雨靴里的水越积越多。金帆叹气了：“到底要开几个洞，水才能出去呢？”

**我来考考你**

1. 你知道的柑橘类水果有哪些？
2. 世界四大名柚分别是 ______、______、______、______。

# 核果

核果常见于蔷薇科、鼠李科等植物中，是果实的一种类型，属于单果，是由一个心皮发育而成的肉质果。三层果皮性质不一，外果皮极薄，由子房表皮和表皮下几层细胞组成；中果皮是发达的肉质食用部分，全由薄壁细胞组成；内果皮的细胞经木质化后，成为坚硬的核，包在种子外面。

## » 味道甜香的荔枝

荔枝是亚热带水果，果实为圆形，红色的果皮呈鳞斑状，果肉新鲜时为半透明凝脂状，味道鲜美。荔枝原产于我国，据记载已有2000余年的历史。唐朝杨贵妃酷爱吃荔枝的佳话久传不衰，苏东坡还写下了“日啖荔枝三百颗，不辞长作岭南人”的佳句，对荔枝进行赞美。

**诗词贝贝乐**

**减字木兰花**

秦观

天涯旧恨，独自凄凉人不问。欲见回肠，断尽金炉小篆香。　黛蛾长敛，任是春风吹不展。困依危楼，过尽飞鸿字字愁。

## » 祝寿果品——桃子

桃子为核果，别名“桃实”“蜜桃”等，为蔷薇科植物桃或山桃的成熟果实，原产我国，已有3000年以上的栽培历史。我国桃子品种极为丰富，据统计全世界有1000个品种以上，我国有800多个品种，用于生产栽培的有30个左右。

在我国，一年四季皆可尝鲜桃：江西有“四月桃”，北京有“五月鲜”，浙江有“六月团”，东北有“七月红”，南京有“八月寿”，山西有“九月菊”，河北满城有在立冬到小雪间成熟的“雪桃”，陕西商县有严冬露面的“腊月桃”。

桃子果汁多，味道美，芳香诱人，色泽艳丽，营养丰富。

在我国民间，桃子素有“寿桃”和“仙桃”的美称。其果形美观、肉质甜美，被称为“天下第一果”，是福寿祥瑞的象征。民间寿宴上，桃子是必不可少的祝寿果品。

## 》广泛栽培的李子

李子别名“李”“李实”“嘉庆子”“嘉应子”，为蔷薇科植物李的果实，于5～8月成熟，呈黄或紫红色。李子原产于我国，3000年前就有栽培。李子适应性强，对土壤要求不严格，人们常用“桃李满天下”形容培养的后辈或所教的学生多，到处都是。全国各地均有分布。

李子品种众多，主要品种有胭脂李和桃李。胭脂李指其颜色红艳似胭脂，俗称“女儿红”，果大，皮厚，肉嫩，味香甜。桃李是由桃树和李树嫁接育种繁殖而成的，故名“桃李”，果大似桃形，色青黄，肉厚核小，味甜中带酸。

## 》第一枚春果——樱桃

人们常常用“樱桃小口”来形容嘴小好看。据说因为黄莺特别喜欢吃一种果子，因而把这种果子叫作“莺桃”，后来又被写成“樱桃”。樱桃在落叶果树中成熟较早，是百果之先，故被誉为“第一枚春果”。樱桃别名“含桃”“荆桃”“宋樱”“朱果”“樱珠”等，为蔷薇科植物樱桃树的果实。原产于中国，已经有2000多年的栽培史了。主要产区有安徽、河南、山东、辽宁、陕西、甘肃等地，其他地区也有分布。

樱桃有红灯、早红、先锋、大紫拉宾斯、美早、龙冠、早大果等几个品种。其中，红灯和先锋是最常见的品种，也是樱桃中的两个优质品种。

樱桃色泽鲜艳，晶莹美丽，红如玛瑙，黄如凝脂，营养特别丰富，富含糖、蛋白质、维生素及钙、铁、磷、钾等多种元素。

**ABC 洋话天天说**

A：Take it easy. It is still early.
B：Your watch is slow. Let's hurry up.
A：放松点．还早呢。
B：你的表慢了。让我们快点。

## 》酸甜适口的杏

杏为蔷薇科植物杏的果实，因为味酸甜或纯甜，又名“甜梅”。主产地为黄河以北的省市，常用嫁接繁殖的方法栽培，也有一些野生的杏。杏的形状为球形或椭圆体形，稍扁，形状有点儿像桃，但少毛或无毛，果肉多呈橙黄色。

杏是中国北方的主要栽培果树品种之一，每年春季开花，花呈淡红色或白色。杏结果早，成熟早，以果实早熟、色泽鲜艳、果肉多汁、风味甜美、酸甜适口为特色，在春夏之交的果品市场上占有重要地位，深受人们的喜爱。

## 》传统名果——杨梅

杨梅又名“龙睛”“朱红”，为杨梅科植物杨梅的果实。因其形似水杨子、味道似梅子，因而取名“杨梅”。杨梅在我国已有 2000 多年的栽培历史，是我国南方著名的特产水果，主要产于长江以南地区，以浙江栽培最盛，特别以上虞的白杨梅、余姚的荸荠杨梅为上品。

杨梅和桂圆一样大小，形状圆圆的，遍身生着小刺，等杨梅成熟时，刺就渐渐软了、平了。杨梅的颜色先是淡红的，随后变成深红，最后几乎变成黑的了。当你把它咬开，就可以看见那新鲜红嫩的果肉了。杨梅成熟时正是水果淡季，为市场提供了可食的时鲜水果，因而深受老百姓的欢迎。

据《群芳谱》载，“杨梅，会稽产者天下冠”，每当“夏至杨梅满山红”的时节，各地游客纷至沓来，争相品尝这一传统名果。

## 》铁杆庄稼——大枣

大枣又叫“红枣”，为鼠李科植物枣的成熟果实，自古以来就被列为“五果”（桃、李、梅、杏、枣）之一，历史悠久。原产于我国，已有 3000 多年的栽培历史，主要分布在陕西、山西、辽宁、河北、山东、河南、四川、湖北、安徽、浙江等省。红枣为温带作物，适应性强。大枣素有“铁杆庄稼”之称，具有耐旱、耐涝的特性，特别适宜栽培。

大枣呈卵形或椭圆体形，长 1.5 ~ 5 厘米，熟时深红色。果肉味甜，维生素含量非常高。

**题目**：两只小口袋，天天随身带，要是少一只，就把人笑坏。（打一种服饰用品）

**答案**：袜子。

爸爸：“这次算术考试得了多少分？”

儿子：“三分。”

话音刚落，“啪！啪！啪！”小明的屁股上挨了爸爸的三鞋底子。

爸爸：“下次再考，得多少分？”

儿子：“下次我一分也不要了。”

## » 余味无穷的橄榄

橄榄为橄榄科植物橄榄的果实。即使是到成熟的时候，橄榄的颜色仍然为青色，故橄榄又有“青果”之称。主产于广东、广西、福建、海南、台湾、云南、四川等省区。

橄榄初吃时味涩，久嚼后香甜可口，余味无穷。另外，橄榄富含钙质和维生素 C，而且所含的不饱和脂肪酸高达 80%左右，亚油酸含量也很丰富。

## » 名贵特产——龙眼

龙眼又叫“桂圆”，为无患子科植物龙眼树的果实。龙眼因其种子圆形，黑色有光泽，种脐突起，呈白色，看似传说中“龙”的眼珠，所以称龙眼。在中国至少已有 2000 多年的栽培历史。龙眼的品种很多，全国有 30 多个品种。

龙眼呈赤色或紫红色，果壳为圆球形，果肉大如弹丸，内含乳白色半透明果浆，色泽晶莹，鲜嫩爽口，味甜如蜜。

### 我来考考你

1. 你知道的核果类水果有哪些？
2. 被誉为“第一枚春果”的水果是（　　）。
   A. 桃子　　B. 樱桃　　C. 梅子　　D. 大枣

# 仁果

仁果是由合生心皮下位子房与花托、萼筒共同发育而成的肉质果，其主要食用部分起源于花托和萼筒，子房所占比例较小。子房的心室数因种而异，多为 5 室，少数 2 ~ 4 室，每室大多有两个胚珠。常见的仁果类水果有苹果、梨、山楂、枇杷等。

## »象征平安的苹果

苹果原产于西伯利亚西南部及土耳其，在欧洲经过长期栽培后，于1870年传入我国山东，被称为“西洋苹果”。苹果果实色泽美丽，味道酸甜可口，清香爽脆，而且含有丰富的营养，所以有“水果之王”的美誉。在国内，因为苹果两字的谐音象征着平平安安，所以“水果之王”又成了“幸福果”和“平安果”。

**诗词贝贝乐**

**望月怀远**

张九龄

海上生明月，天涯共此时。
情人怨遥夜，竟夕起相思。
灭烛怜光满，披衣觉露滋。
不堪盈手赠，还寝梦佳期。

## »果树祖宗——梨

梨是人类最早栽培的果树之一，因此有“果树祖宗”之称。中国是梨最大的起源中心，至少有3000多年的栽培历史。我国栽培的梨树品种有六个系统：秋子梨、白梨、沙梨、新疆梨、褐梨和西洋梨。产自华北的鸭梨，属于白梨系统，被誉为“梨中状元”。

## »貌丑香甜的猕猴桃

猕猴桃在古代称为“滕梨”“羊桃”。它的形状如梨，颜色如桃，果皮上长满了细毛刺。光看外表，觉得它一定不好吃，但其实猕猴桃果肉肥嫩汁多，清香鲜美，甜酸宜人，实在是非常可口的水果。除直接食用外，猕猴桃还可加工成果汁、果酱、果酒等。

## »长有八道棱的海棠果

海棠果又名“楸子”“海红”“红海棠果”“柰子”，因为海棠果上有八道棱状突起，所以又叫“八棱海棠”“大八棱”。

海棠果为卵形，直径2～2.5厘米，果皮红色，无灰白斑点，果肉黄白色，成熟后有2～5室，每室含种子1～2颗，种子扁卵圆形，浅紫红色至红紫色。海棠果一般在秋天成熟并采摘，鲜果成熟后可以生吃。

海棠果营养丰富，除了可以生吃外，还可以酿酒、做蜜饯。另外，海棠也是做果酱、果醋、果酒、果丹皮的上好原料。

## 小号的苹果——沙果

沙果又名“花红”，属蔷薇科。果实球形，黄绿色带微红，像苹果，但是比苹果小很多，是常见的水果，在长江及黄河流域一带普遍有栽培，是人们喜吃的水果之一。沙果果肉沙甜，皮薄肉脆、汁多味甜、香浓渣少，为生吃佳果。

因为沙果与苹果比较像，所以从古至今常常被人们混淆。究其原因，一方面两者均属蔷薇科的同类果实；另一方面，古时苹果和沙果皆以“柰”相称，苹果称为“柰子”或“柰”，沙果称“朱柰”或“五色柰”。其实，从大小上看，还是很容易区别的。

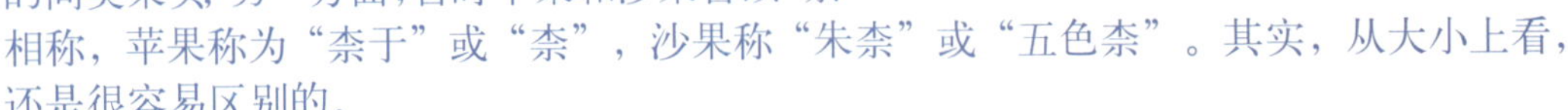

## 晚秋佳果——柿子

柿子为柿科植物柿的果实，经脱涩红熟后食用，原产于我国。我国很早就开始种植柿树，西汉司马相如的《上林赋》中就记载着黄河中游两岸栽培柿树的情况。全国各地基本都有分布。

在我国北方山区栽种柿子树的很多，果实橙黄色或红色，素有“晚秋佳果”的美称。柿子成熟的时候，漫山遍野都是一树一树的红（黄）“灯笼”，分外壮观。

柿子的品种繁多，目前已有近千个品种。著名的品种有北京的大盖柿、河北的莲花柿、浙江的铜盆柿、河南的水柿、陕西的鸡心黄、山东的镜面柿、江苏的大红叶、福建的红柿、广东的大红柿等。不同的品种颜色从浅橘黄色到深橘红色不等，大小为 2 ~ 10 厘米，重量为 100 ~ 350 克。

**洋话天天说**

A：Come on. It is time for you to go to bed.
B：But I am not sleepy.
A：抓紧！该是睡觉的时候了。
B：但是我还不困。

## 果中皇后——山竹

山竹大小如柿子，果形扁圆，呈深紫色，由四片果蒂盖顶。果壳甚厚，用筷子敲之“梆梆”有声，能很好地保护果肉。剥开果壳，可以看见七八瓣洁白晶莹的果肉，果肉酷似剥了皮的大蒜瓣儿，相互围成一团。山竹果肉雪白嫩软，味清甜甘香，带微酸性凉，润滑可口，解乏止渴，为热带果中珍品，有“果中皇后”之称。

## »柔甜多汁的枇杷

枇杷是蔷薇科植物枇杷的果实，原产于中国，汉代司马相如在《上林赋》中曾经提到过枇杷。枇杷古称“无忧扇”，状如民族乐器中的琵琶，故而得名“枇杷”。枇杷主要分布在长江以南地区，品种很多，按果肉色泽可分为红肉、红沙类及白肉、白沙类等品种。

枇杷果实黄色，圆球形，柔甜多汁，甘酸适口，是夏季人们比较喜欢的水果之一。

## »营养丰富的杨桃

杨桃为酢浆草科植物杨桃的果实。原产于亚洲东南部，在晋朝时传入我国，主要产于我国南部的广东、广西、海南、福建、云南等地，盛产于广州。因其悬挂枝头而称为“挑”，因为是外来的，所以称为“洋挑”，后因笔误成为“杨桃”。

杨桃外形呈五棱形，如将它横切，形状恰如星星的模样，因此国外又叫“星梨”“星型果”。杨桃又分为甜杨桃和酸杨桃两大类。甜杨桃清甜无渣，味道特别可口，以广州郊区产的“花红”品味最佳；酸杨桃果实大而酸，较少生吃，多做烹调配料或加工成蜜饯。

**思维对对碰**

**题目**：屋子方方，有门没窗，屋外热烘，屋里冰霜。（打一种家用电器）

**答案**：冰箱。

## »开胃佳果——山楂

山楂为蔷薇科植物山楂或野山楂的成熟果实，原产于中国、朝鲜和俄罗斯的西伯利亚，在2000年前就已有关于山楂的记载。山楂多为野生，近年来有人工栽培。

山楂品种很多，最有名的为山东的红瓤大楂、大金星，辽宁的软核大山楂等品种。山楂果呈圆形，红色，果汁较少，酸中带甜，可鲜食，有良好的消食开胃作用。

山楂含有酒石酸、皂苷、柠檬酸、果糖、维生素C、维生素B等营养成分，其中维生素C的含量在水果中仅次于红枣和猕猴桃；胡萝卜素和钙的含量也很高。

## »不可思议的无花果

无花果为桑科植物无花果的果实。山东、新疆、江苏、云南、湖南等地均有种植。因其花托肥大成果实，其内生有许多小花，不易看见，故称无花果。原产阿拉伯南部，后传入叙利亚、土耳其等地，大约在唐代传入我国。

无花果成熟时果实是紫色的，果肉软烂，味道像柿子，但是没有核。无花果可食率非常高，鲜果可食用部分达97%，干果和蜜饯类达100%，且含酸量低。

## » 外形奇特的火龙果

火龙果属于仙人掌科植物，因其外表肉质鳞片似蛟龙外鳞而得名。当光洁而巨大的花朵绽放时，花香四溢，盆栽观赏使人有吉祥之感，所以火龙果也称“吉祥果”。其原产于墨西哥和中美洲热带地区，后由法国人、荷兰人传入越南、泰国等东南亚国家以及我国台湾地区。

爸爸买了一个甜瓜，明明叫来了两个小伙伴分瓜吃。

一个说：“我要二分之一。”

另一个说：“我要三分之一。”

明明最后说：“这瓜是我爸爸买的，我就多吃一点儿，我要百分之一！”

火龙果果实外形奇特亮丽，果皮鲜红，果肉雪白。果肉内含成千上万粒芝麻状种子，将整颗果肉加上蜂蜜、鲜奶、冰块打成果汁，种子打碎后香味溢出，异常美味可口。

总之，火龙果含有一般植物少有的植物性白蛋白、花青素、丰富的维生素和水溶性膳食纤维。

### 我来考考你

1. 你知道的仁果类水果都有哪些？
2. 被称为“果中皇后”的水果是（　　）。
   A. 苹果　　B. 梨　　C. 山竹　　D. 罗汉果

# 其他水果

在水果大家族里，除了以上各类，还有一些较为常见，但并不属于前文提过的类型的水果。我们在这里也把一些常见的作一介绍，以便大家了解。

## »晶莹可口的石榴

石榴又名安石榴，原产于伊朗、阿富汗等中亚国家，汉代由张骞传入中原。石榴分为观赏和食用两大类。石榴果实外形独特，色彩绚丽，果实圆球形，皮内百籽同房，籽粒晶莹剔透，红的如玛瑙，白的像水晶。据现代科技手段测定，石榴果实中含有维生素C、维生素B、有机酸、糖类、蛋白质、脂肪，以及钙、磷、钾等矿物质。

**诗词贝贝乐**

**虞美人**
李煜

春花秋月何时了，往事知多少？小楼昨夜又东风，故国不堪回首月明中。　雕栏玉砌应犹在，只是朱颜改。问君能有几多愁，恰似一江春水向东流。

## »热带果王——芒果

芒果为著名热带水果之一，又名“檬果”“漭果”“闷果”“蜜望”“望果”“庵波罗果”等。果实呈肾脏形，色、香、味俱佳，果肉多汁，鲜美可口，兼有桃、杏、李和苹果等的滋味，营养丰富，素有“热带果王”的美誉。果肉中富含维生素C，种子中富含蛋白质和糖类。

由于芒果不便保鲜储藏和长途运输，所以人们往往把它加工成糖水罐头、蜜饯、果酒、果干、果酱、果冻等，食用起来清脆适口、风味别致，深受人们喜爱。芒果分布很广，世界上有70多个国家生产芒果，亚洲的印度、巴基斯坦、孟加拉、缅甸、马来西亚等国的产量较大，非洲的东部和西部、美洲等地均有栽培。

**洋话天天说**

A：Everyone’s late.
B：Not again!
A：我们都迟到了。
B：不会吧！

**思维对对碰**

**题目**：人脱衣服，它穿衣服，人脱帽子，它戴帽子。（打一种家居用品）
**答案**：衣帽架。

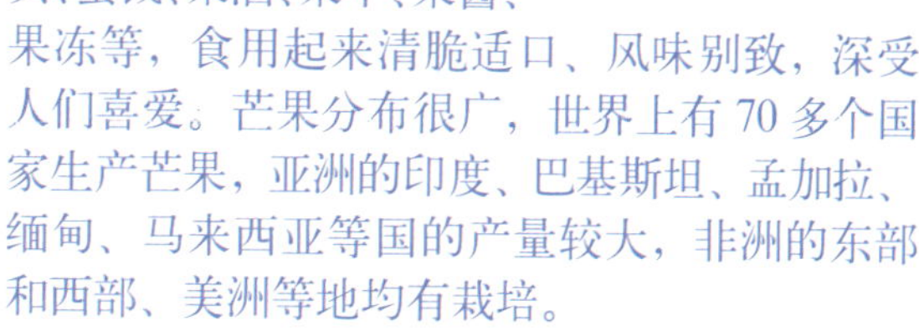

## 肚皮笑笑破

小辉的爸爸刚刚给家里买了一台新电脑，非常高兴，天天抱着小辉看 flash。这天，爸爸又抱着小辉在电脑前看 flash，看屏幕中可爱的小狗。那小狗由屏幕左至右跳过去，到了最右端就没了，这时电脑刚好坏了。小辉急忙挣脱父亲，跳下椅子到显示器旁边找来找去。找了一会儿，瞪着大眼睛一脸迷茫地问爸爸："小狗呢？"

## » 果肉清香的榴莲

同学们，我们去超市经过榴莲的货架时会闻到一股臭味，可榴莲吃起来却很香。从外形上看，榴莲像一根带刺的狼牙棒，有臭气，但果肉清香。榴莲果是不可以采摘的，否则便不能继续成熟，果树也会受损伤，只有等果实成熟后自己落下才行。

榴莲有足球大小，果皮坚实，密生三角形刺，果肉色淡黄，黏性多汁。第一次食用榴莲时，那种异常的气味可能会让人心里犯嘀咕，但是，有人自从吃了第一口以后，就会被榴莲那种特殊的口味和质感所吸引。

## 我来考考你

1. 你爱吃的水果都有哪些？
2. "热带果王"指的是（　　）。
   A. 椰子　　B. 菠萝　　C. 香蕉　　D. 芒果

# 第六章 可口蔬菜

蔬菜是人们生活中必不可少的食物之一，除可提供人体所必需的多种维生素和矿物质外，还含有多种多样的植物化学物质如类胡萝卜素、二丙烯化合物、甲基硫化合物等，这些成分都是对人体健康非常有益的物质。下面，就让我们进入蔬菜的世界，了解一下其中的奥秘吧！

## 叶菜类蔬菜

叶菜类蔬菜是极为常见和人们常吃的蔬菜，包括大白菜、菠菜、芹菜、油菜、香菜、生菜、空心菜、木耳菜、荠菜、苋菜、茼蒿、韭菜等。总之，叶菜堪称蔬菜的最佳代表，广受人们的喜爱。

### 蔬菜中的骄子——油菜

同学们，你们在家里是不是常吃香菇油菜呢？油菜颜色深绿，菜帮如白菜，是营养丰富的蔬菜之一。油菜的营养含量是众多蔬菜中的佼佼者，它所含的维生素C比大白菜高一倍还多。据专家测定，油菜中含有丰富的钙、铁、维生素C、胡萝卜素等营养成分。

**诗词贝贝乐**

**望天门山**

李白

天门中断楚江开，碧水东流至此回。
两岸青山相对出，孤帆一片日边来。

### 营养丰富的苋菜

苋菜又叫“米苋”，按其颜色分红苋、绿苋和红绿杂色三种。苋菜叶多质嫩，茎细柔软，清爽可口，易于消化吸收。苋菜的铁质、钙质、蛋白质含量均非常丰富。在民间就有“六月苋，

当鸡蛋，七月苋，金不换”的说法。

## 纤维素丰富的大白菜

大白菜古称“菘”，原产自我国。大白菜营养丰富，是北方冬春季的主要蔬菜。大白菜富含胡萝卜素、维生素、粗纤维及蛋白质、脂肪和钙、磷、铁等，维生素E的含量也很丰富。

## 含丰富纤维的芹菜

芹菜营养丰富，是最常见的家庭蔬菜之一。芹菜有旱芹和水芹两种，北方人常吃的是旱芹，水芹只在南方才能吃到。芹菜含有蛋白质、糖类、脂肪、维生素及多种矿物质，其中磷和钙的含量较高。

**洋话天天说**

A：Can you skate?
B：Yes，I can.
A：你会溜冰吗？
B：是的，当然会。

## 北方的秋菜——圆白菜

圆白菜为甘蓝的变种，又名“结球甘蓝”“卷心菜”“莲花白”“莲白菜”等，为十字花科植物结球甘蓝的嫩茎叶及其同属植物。一年生草本，高30～90厘米，全体具白粉，基叶广大，肉质厚，圆形，层层重叠，中央密集成球形，内部叶白色，外部淡绿色，花期5～6月。

圆白菜具有耐寒、抗病、适应性强、易储耐运、产量高、品质好等特点，我国各地普遍栽培，是东北、西北、华北等地区春、夏、秋季的主要蔬菜之一。

圆白菜味道鲜美，饭店里做炒饼时常用到它。圆白菜还有很高的营养价值，维生素C含量约为黄瓜的10倍、西红柿的5倍；钙的含量约为黄瓜的3倍、西红柿的10倍。

**题目**：一个黑孩，从不开口，要是开口，掉出舌头。（打一种零食）
**答案**：瓜子。

## 像个大花朵的花椰菜

花椰菜为甘蓝的变种，别名“花菜”“菜花”，属于十字花科植物。花椰菜的主要食用部分为其茎叶，为一年生植物。花椰菜的根上生叶，叶上长主茎及支茎，茎上长满由小颗粒组成的花状结构，整体很像一个大花朵。其原产西欧，传入我国已近200年，现在全国各地均有栽培。

花椰菜有白、绿两种，绿色的叫西蓝花、青花菜。白花菜和绿花菜的营养、作用基本相同，只是绿花菜比白花菜的胡萝卜素含量要高些。

花椰菜肉质细嫩，味甘鲜美，食用后很容易被人体消化吸收，过去多被当作蔬菜中的珍品。花椰菜营养丰富，其中维生素C含量很高。

## 提味蔬菜——香菜

香菜是人们非常熟悉的提味蔬菜，北方人称之为“芫荽”，为伞形科一年生草本植物芫荽的带根全草，喜欢在阴凉的地方生长。原产于地中海沿岸，汉代张骞经中亚从西域将种子带入我国。其形态与芹菜相似，具有特殊的香味，清脆鲜嫩、营养丰富。

香菜有大叶品种和小叶品种。小叶品种产量虽不及大叶品种高，但香味浓，耐寒，适应性强。人工栽培的时候多选用小叶品种。

### 肚皮笑笑破

五岁的小女儿看到爸爸天天刮胡子，就好奇地问：“你的胡子怎么每天都刮呢？”

爸爸说：“这胡子和韭菜一样，一天不刮就会长起来。”

女儿很认真地说：“那把根拔出来不就得了。”

## 树上蔬菜——香椿

香椿被称为“树上蔬菜”，是香椿树的嫩芽。香椿每年春天开始发芽，叶厚芽嫩，绿叶红边，犹如玛瑙、翡翠，香味浓郁，营养丰富。香椿发的嫩芽芳香可口，可做成各种菜肴。

香椿是时令名品，通常清明前后开始萌芽，早春大量上市。香椿芽因品质不同，可分为红芽和青芽两种。红芽红褐色，质好，香味浓，是供食用的重要品种；青芽青绿色，质粗，香味差。

## 生着就能吃的生菜

生菜是叶用莴苣的俗称，属菊科莴苣属，为一年生或二年生草本作物，原产于地中海沿岸。生菜的茎和叶都可以蘸酱生吃，亦可炒着吃，是人们常食的蔬菜之一。

人们在做凉菜的时候，很自然地就会想到生菜。从名字我们就不难看出，生菜是适合生吃的蔬菜。生菜主要分球形的团叶包心生菜和叶片皱褶的奶油生菜（花叶生菜）。团叶生菜叶内卷曲，按其颜色又分为白叶、青叶、紫叶和红叶生菜。白叶生菜叶片薄，青叶生菜纤维素多，品质细，紫叶、红叶生菜色泽鲜艳，质地鲜嫩。

生菜中的维生素A和维生素B的含量是番茄的4倍以上，其纤维和维生素C比白菜还要多，还含有大量的钙、磷、铁等矿物质。生菜除生吃、清炒外，还能与蒜蓉、蚝油、豆腐、菌菇同炒，不同的搭配吃起来味道也不一样。

## 红嘴绿鹦哥——菠菜

菠菜为藜科植物菠菜的带根全草，唐初由波斯经尼泊尔传入我国，清代乾隆皇帝赞颂为“红嘴绿鹦哥”，是绿叶蔬菜中的佼佼者。我国民间有句俗话：“菠菜豆腐虽贱，山珍海味不换。”

菠菜叶子是绿色的，细腻而且柔厚。它的茎柔脆而且是空心的。它的根有数寸长，大如桔梗而且是红色。菠菜味道甘甜香美，是人们喜食的常见蔬菜。

## 春菜第一美食——韭菜

北方的同学们可能经常吃韭菜馅饺子，对韭菜并不陌生。韭菜起源于中亚，是生活中最常见的蔬菜之一。韭菜为百合科植物韭菜的叶。在中医里，韭菜有一个很响亮的名字叫“洗肠草”。不但如此，韭菜还有很多名字，如“草钟乳”“起阳草”“长生草”“扁菜”，全国各地均有栽培。

韭菜的营养价值很高，含有多种维生素、尼克酸、胡萝卜素、糖类及矿物质。韭菜有“春菜第一美食”的美称。在风寒料峭、百蔬萧条的早春，民间有“黄韭试春盘”的食俗。

## 像海带丝的龙须菜

龙须菜在有的地方被叫作“海菜”，外表看起来像海带丝，为江蓠科植物江蓠的藻体，在肥沃、平静的海湾内生长最好，分布在我国沿海各地。

食用龙须菜的时候，一定要用凉开水泡发，因其富含植物胶质，加热会变黏。泡发、冲洗后凉拌即可食用。凉拌时可添加姜末或姜汁，以缓解其寒性。

龙须菜含丰富的蛋白质、淀粉、糖类，以及钙、铁等，其中钙的含量很高。因其不含脂肪，故有山珍“瘦物”之美称。

## 梗是空心的空心菜

空心菜为旋花科植物蕹菜的茎叶，生于湿地或水田中，我国长江流域至广东、广西等地均有栽培。因其开白色喇叭状花，且梗中心是空的，故称“空心菜”。春夏季采收茎叶鲜用，食用部位为幼嫩的茎叶，可炒食或凉拌、做汤等。

空心菜含丰富的维生素与微量元素，它的钙、钾、维生素 C、胡萝卜素、核黄素的含量均比一般蔬菜高一至数倍。

## 天然之珍——荠菜

荠菜为十字花科一年生或二年生草本植物荠菜的幼苗、嫩茎叶或全草。荠菜呈全国性分布，田间、路边、荒地、河滩、山坡随处可见，现江苏、上海等地有栽培。人工栽培以板叶荠菜和散叶荠菜为主，春、夏、秋三季均可。

作为一种野菜，荠菜蛋白质含量在叶类、瓜果类蔬菜中数一数二，胡萝卜素含量与胡萝卜不相上下，维生素 C 含量比西红柿还高，含钙、铁、锰、钾等元素的无机盐的含量也较高，因此一直深受人们的欢迎。

## 嫩叶茎可食的莼菜

莼菜为睡莲科植物莼菜的茎叶，春、夏可采嫩莼菜茎叶做蔬菜。莼菜主要产于我国的江苏、浙江、江西、湖南、四川、云南等省，尤以杭州西湖出产的“西湖莼菜”最为著名。黄河以南的所有沼泽、池塘里生长的多为野生莼菜。

莼菜的根状茎细瘦，横卧于水底泥中。莼菜的叶子浮于水面，呈椭圆形、深绿色，嫩茎和叶背部都有胶状透明物质。

莼菜含有丰富的胶质蛋白、糖类、脂肪、多种维生素和矿物质。

## 紫菜

紫菜为红毛菜科植物甘紫菜和条斑紫菜等的叶状体。紫菜在我国从黄海到珠江口的海域都有出产，主要产于福建、浙江、广东、江苏、山东、辽宁等地。紫菜在全世界约有 50 种，我国沿海生长的有 10 余种。

紫菜主要有体长片薄的长紫菜、呈圆形的圆紫菜、褐绿色的坛紫菜，还有边紫菜、甘紫菜、绉紫菜等品种。

因收获季节不同，紫菜的名称也不同：立春前采的紫菜叫“冬菜”。立春后采的叫“春菜”，春末产的叫“梅菜”。紫菜原产于浅海岩石上，采收后晒干供食用，现多为人工养殖。

紫菜营养丰富，其蛋白质含量超过海带，并含有较多的胡萝卜素和核黄素。

## 品种繁多的芥菜

芥菜为十字花科植物芥菜的嫩茎或叶，是中国著名的特产蔬菜，栽培历史悠久，全国各地均有栽培，多分布于长江以南各省。芥菜类型和品种很多，有芥子菜、叶用芥菜、茎用芥菜、薹用芥菜、芽用芥菜、根用芥菜等。平时所说的芥菜一般指叶用芥菜。

芥菜的主侧根分布在约30厘米深的土层内，茎为短缩茎。叶片着生短缩茎上，有椭圆、卵圆、倒卵圆、披针等形状。叶绿色或绿色间紫色或紫红。叶面平滑或皱缩。叶缘呈锯齿状或波状，全缘有时有深浅不同、大小不等的裂片。

### 经常腌着吃的雪里蕻

雪里蕻是芥菜的一个变种，一年生草本植物。因为下雪以后，积雪之下的菜类都冻损了，唯独它青翠不减，脆嫩依然，因此被称为“雪里蕻”（雪里红）。

雪里蕻叶子深裂，边缘皱缩，花鲜黄色。茎和叶子是普通蔬菜，叶质脆嫩，风味鲜美，营养丰富，通常腌着吃，据说早在2000年以前的秦汉时期就已经盛行。

雪里蕻植物纤维含量较高，还含有胡萝卜素、硫胺素、核黄素、尼克酸、维生素C等。

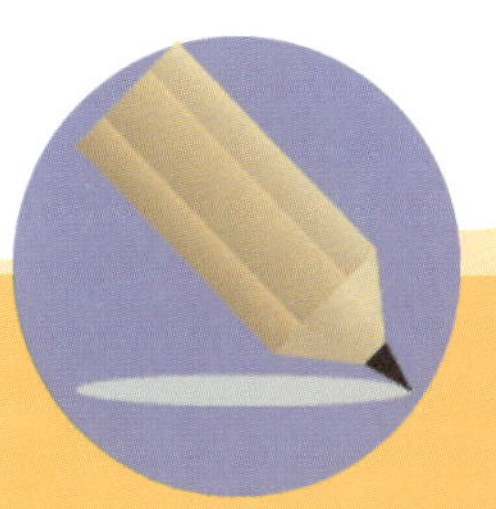

我来考考你

1. 你知道的叶菜类蔬菜有哪些？
2. 被称为“树上蔬菜”的是（　　）。
   A. 花椰菜　　B. 芥菜　　C. 香椿　　D. 苋菜

## 根茎类蔬菜

常见的根茎类蔬菜包括根菜类萝卜、胡萝卜等，茎菜类山药、芋、马铃薯、竹笋、芦笋等。冬天适量地吃些应季根茎蔬菜对健康有一定的好处。人们常说：“春吃花，夏吃叶，秋吃果，冬吃根。”冬天到了的时候，很多人开始吃以肉质根为食用部分的蔬菜。

**天香**

王沂孙

孤峤蟠烟，层涛蜕月，骊宫夜采铅水。汛远槎风，梦深薇露，化作断魂心字。红瓷候火，还乍识、冰环玉指。一缕萦帘翠影，依稀海天云气。　几回殢娇半醉，剪春灯、夜寒花碎。更好故溪飞雪，小窗深闭。荀令如今顿老，总忘却、樽前旧风味。漫惜余薰，空篝素被。

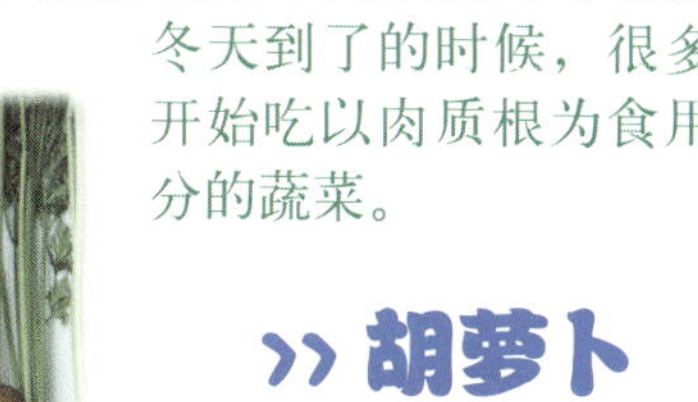

### 胡萝卜

胡萝卜是一种质脆味美、营养丰富的家常蔬菜。胡萝卜含有极为丰富的胡萝卜素，B族维生素和维生素C等的含量也很高。

## 粮菜兼用的马铃薯

同学们知道，我们几乎家家都吃的土豆就是马铃薯。土豆是一种粮菜兼用型的蔬菜，学名“马铃薯”，与稻、麦、玉米、高粱一起被称为“全球五大农作物”。土豆含有丰富的蛋白质、糖类、脂肪、钙、磷、铁及多种维生素。

## 萝卜

萝卜属于根茎类蔬菜，又名“莱菔”“水萝卜”，为十字花科。萝卜属于一年或二年生草本植物莱菔，食用部分是莱菔的新鲜根茎和叶，原产我国，全国各地均有栽培。

萝卜品种很多，有白皮、红皮、青皮红心及长形、圆形等品种，品性大致相同，全株皆可食，生吃、熟食均可。

萝卜根肉质，呈长圆形、球形或圆锥形，东北以青皮、红皮及青皮红心为多，青皮、青皮红心生食为常见。

## 调味佐餐佳品——葱

葱为百合科植物葱的鳞茎和地上茎叶。原产于西伯利亚，在我国栽培历史悠久，分布十分广泛，以山东、河北、河南等省为主要产地。葱的品种很多，按葱白长短可分为长葱白葱和短葱白葱。长葱白葱有山东章丘大葱、北京高脚白葱等，短葱白葱有鸡腿葱等。除此以外还有小葱、改良葱和软化栽培的羊角葱。

人们习惯于在炒菜前将葱和姜切碎一起下油锅中炒至金黄，然后再将其他蔬菜下入锅中炒。做汤面如清汤面或牛肉面时，在面条熟后可将切碎的葱末撒在面上。

## 重要的调味蔬菜——蒜

蒜为百合科多年生草本植物大蒜的鳞茎，原产于亚洲西部，传入我国后各地均有栽培，是重要的调味蔬菜，按皮色分为紫皮蒜和白皮蒜，与葱、姜、辣椒共称“四辣”。一般于5月叶枯时采挖。

蒜作为一种提味蔬菜，可以吃的部位有鳞茎、蒜瓣、幼苗、青蒜、蒜薹、蒜苗和软化栽培的蒜黄，这些都是人们所喜爱的蔬菜。

蒜瓣中含磷质和糖分较多，青蒜含有胡萝卜素和维生素。

## 气味辛辣的洋葱

洋葱为百合科植物洋葱的鳞茎，由叶鞘基部膨大形成，呈扁圆、圆球或长椭圆形。洋葱原产亚洲，如今我国各地均有栽培，主要产地有山东、甘肃、内蒙古、新疆等。

洋葱的皮呈紫红、黄或绿白色，其中黄皮葱头鳞茎横断面的鳞片排列成两个同心圆，水分少，辣味轻，鲜嫩好吃，是炒菜做汤的好原料。

## 味辛性温的姜

姜为多年生姜科草本植物姜的新鲜根茎。嫩者名紫姜、子姜；宿根名母姜；干燥根茎名干姜；平常用的叫作生姜。原产于东南亚，我国各地均生产，是生活中不可缺少的调味蔬菜。

生姜味辛性温，辛辣芳香，可以作为调料加入鸡鸭、鱼虾等菜中，起到避腥的作用，使菜肴味道更加鲜美。

## 形状像笋的莴笋

莴笋为菊科植物莴苣的茎叶和根，长江流域普遍栽培，是冬春季节的主要蔬菜之一。因食用部位不同，可分为叶用莴苣和茎用莴苣。叶用莴苣称为“生菜”，茎短缩、粗硬，不能吃，叶肥大能生食；茎用莴苣称为“莴笋”，茎基肥大，肉质能食，形状如笋。

莴笋以肥大的茎基为食用部分，呈长棒形，外有一层纤维层，这层纤维层对嫩茎起着保护作用。茎质脆嫩，水分大，味道鲜美。莴笋的品种也很多，依叶形大体分为尖叶类和圆叶类；依茎的色泽又有白笋、青笋和紫皮笋之分。

## 外丑内美的山药

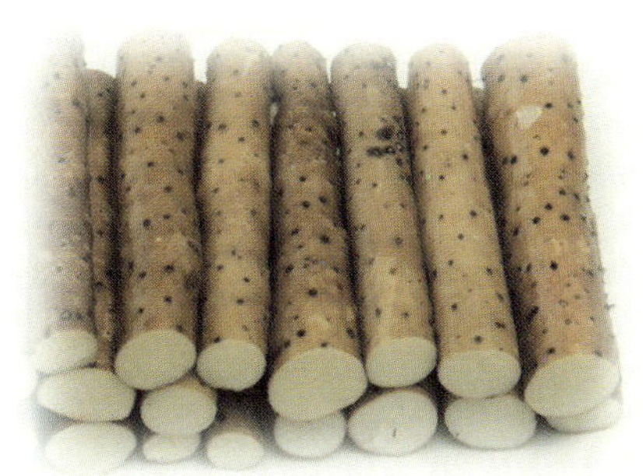

山药别名“薯蓣”，为薯蓣科植物薯蓣的块茎，全国各地均有栽培。“秋夜渐长饥作祟，一杯山药进琼糜”是南宋大诗人陆游盛赞山药的诗句。山药外貌不美，但其内在质量极佳，只要轻轻刮去嫩皮，雪白的肉质便显露出来。

山药根茎粗，直生，长可达1米。其营养丰富，既可做主粮，又可做蔬菜，还可以制成糖葫芦之类的小吃。

**洋话天天说**

A：What's happening? Why are you laughing?

B：Nothing happened. It is just a joke.

A：出了什么事？为什么你一直在笑。

B：没什么事，只是一个玩笑。

## 质地细腻的芋头

芋头为天南星科植物芋头的块茎，原产于印度、马来西亚及我国南部等热带或亚热带地区的沼泽湿地中。《史记》中载：“岷山之下沃野千里，下有蹲鸱，至死不饥。”这是我国较早的对芋头的文献记载。芋头在我国南方、华北、东北均有栽培。

芋头叶片盾形，叶柄长而肥大，呈绿色或紫红色；植株基部形成短缩茎，逐渐累积养分肥大成肉质球茎，称为“母芋”，为球形、卵形、椭圆形或块状等。母芋每节都有一个腋芽，但以中下部节位的腋芽活动力最强，发生第一次分蘖形成的小球茎称为“子芋”，再从子芋发生“孙芋”，“孙芋”还会继续往下发。

芋头质地细腻、滑软鲜嫩，自古以来就是人们喜食的美味。芋头食用方法很多，煮、蒸、煨、烤、烧、炒、烩均可。其口感细软，绵甜香糯，营养价值与土豆差不多，但是不含龙葵素，因此易于消化且不会引起中毒。

## 产量巨大的红薯

我们常吃烤红薯，红薯又名“山芋”“地瓜”，为旋覆花科植物番薯或薯科植物甘薯的块根和嫩茎叶。全国各地均有栽培。

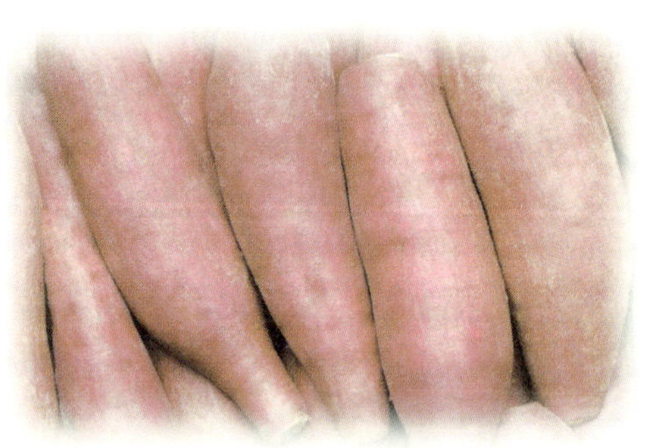

红薯有红皮、白皮、改良的品种三种：红者肉黄味甘，白者味稍淡，改良的品种现在一般加工做淀粉用，不直接食用。红薯蒸烤食用更为香美，近来用作生产葡萄糖的原料。红薯嫩茎亦是餐桌上一道美味可口的菜肴，一般以清炒为主。

红薯富含蛋白质、淀粉、果胶、纤维素、氨基酸、维生素及多种矿物质。

## 蔬菜之王——芦笋

芦笋为单子叶植物纲百合科多年生宿根

**题目**：五个兄弟，住在一起，名字不同，高矮不齐。（打人身上的一个部位）

**答案**：手指。

草本植物芦笋的嫩茎。由于其供食用的嫩茎形似芦苇的嫩芽和竹笋，因此称之为芦笋。芦笋是世界十大名菜之一，又名“石刁柏”，在国际市场上享有“蔬菜之王”的美称。原产地中海沿岸一带，2000多年前古希腊人开始进行人工栽培。芦笋引入我国已有近百年的历史，如今在全国各地均有栽培。

芦笋以嫩茎为主要食用部分，质地鲜嫩，风味鲜美，柔嫩可口，烹调时切成薄片，炒、煮、炖、凉拌均可。

芦笋富含多种氨基酸、蛋白质和维生素，其含量均高于一般水果和蔬菜。

## 味香质脆——竹笋

竹笋为禾本科多年生常绿植物毛竹或淡竹的嫩幼苗，我国长江流域及南方各地普遍栽培。竹笋是我国的传统佳肴，味香质脆，食用和栽培历史极为悠久，品种较多，有圆笋、毛笋、冬笋、春笋、青笋、鞭笋等。

竹笋就是竹的幼芽，食用部分为初生、嫩肥、短壮的芽或鞭。宴席上用的“玉兰片”就是把嫩笋切成片，煮熟后干制而成的。

在我国，竹笋自古就被当作“菜中珍品”。竹笋含脂肪、淀粉很少，属天然低脂、低热量食品。

## 脆嫩鲜美的茭白

茭白为禾本科多年生植物菰的嫩茎经黑穗菌寄生后刺激而形成的肥大菌瘿，是我国特有的水生蔬菜。茭白在中国从东北至华南都有栽培，以太湖流域最多，著名品种均出自无锡、苏州和杭州一带。茭白多生长于湖沼水内，株高1.6～2米，有叶5～8片。叶由叶片和叶鞘两部分组成，叶片与叶鞘相接处有三角形的叶枕，称“茭白眼”。

茭白是清鲜之物，可与各种原料配伍加工：做凉菜食用，清新淡雅；若是加高汤煨制，则清爽利口；旺火烹炒就更脆嫩鲜美了。

茭白中所含的维生素C和铁较多，分别为冬笋的6倍和11倍。茭白在老熟前，氮元素是以氨基酸状态存在的。

女儿：“妈妈，老鼠跳进咱家的奶桶里了！”

妈妈：“哎呀！你把它捉出来了吗？”

女儿：“没有，但我把咱家的猫放进去了。”

## 地下雪梨——荸荠

荸荠为莎草科植物荸荠的球茎，俗称“马蹄”，又称“地栗”。称它马蹄，是指其外表；说它像栗子，是因为荸荠的形状、性味、成分、功用都与栗子相似，又因它是在泥中结果，所以有“地栗”之称。荸荠在我国温暖地区均有栽培，喜欢生长于低处水塘或栽植于水田中。

荸荠在地下有匍匐茎，先端膨大为球茎，球茎呈扁球状，表面光滑，熟后呈深栗壳色或枣红色，有 3 ~ 5 圈环节，并有短鸟嘴状顶芽及侧芽。

荸荠肉质洁白，味甜多汁，清脆可口，自古就有“地下雪梨”之美誉。荸荠既可作为水果，又可算作蔬菜，生食清脆可口、味道清爽，是大众喜爱的时令之品。

## 山菜之王——蕨菜

蕨菜别名“蕨”“粉蕨”“蕨萁”“龙头菜”“山凤尾”“吉祥菜”“如意菜”“荒地蕨”“猫爪子”“拳头菜”，为凤尾蕨科植物蕨菜的嫩叶。蕨菜是 2 亿多年前在古生代二叠纪就有的植物，历史悠久，所以被人称作“山菜之王”。陆玑在《毛诗草木鸟兽虫鱼疏》中提到，周秦时代，蕨菜是当作祭品用的。蕨菜在清代已成贡品，是御膳中常见的菜肴。如今蕨菜不仅是山里人拜祭的祭品和喜爱吃的山野菜，也是城里人的美味佳蔬。我国各地荒山、山村、草地等都有蕨菜生长。

## 洁白如玉的百合

百合为百合科草本植物百合及其同属多种植物的总称，因茎由许多肉质鳞叶组成，且鳞片紧紧地抱在一起，故得名“百合”。秋冬季采摘，沸水烫或略蒸，干燥后即可食用。夏季开漏斗形花，有红黄、黄、白或淡红等色；鳞茎多为扁圆形，鳞片肉质肥厚，细腻，软糯，洁白如玉，醇甜清香，风味别致，营养丰富。全国各地均有栽培或者野生。

在民间，百合是吉祥的象征，含有“百事合意”之意，故每逢喜庆佳节，常将百合作为礼品互相馈赠。江南人常把百合做成“百合如意糕”“糯米百合粥”等款待客人；遇到儿女结婚、老人寿诞、全家团聚，总要吃百合做的食品，以示庆祝。

### >> 微甜而脆的藕

藕又称“莲藕”，为睡莲科植物莲的肥大根茎，秋、冬及春初采挖，以肥白、嫩脆者为上品。全国各地均产。

莲的地下膨出肥大部分为藕，莲节部分抽叶为荷叶，抽花梗、花分别为荷梗、荷花，花谢后结出莲蓬。藕有很多品种，如红花藕瘦长，外皮褐黄色，粗糙，水分少，不脆嫩；白花藕肥大，外表细嫩光滑，呈银白色，肉质脆嫩多汁，甜味浓郁；麻花藕为粉红色，外表粗糙，含淀粉多。

我来考考你

1. 请列举一些常见的叶菜类蔬菜。
2. 请列举一些常见的根茎类蔬菜。

## 果菜类蔬菜

果实为食用部分的蔬菜通称为果菜类蔬菜，包括番茄、茄子、辣椒、黄瓜、丝瓜、西葫芦、豇豆、扁豆、毛豆等。果菜是我国栽培面积最广的一类蔬菜，随着栽培方式的不断发展，这一类蔬菜已由过去的露地春夏茬栽培发展到现在的秋延迟、越冬茬和早春保护地栽培，实现了周年生产，四季供应。

### >> 能当水果吃的西红柿

番茄俗名“西红柿”，最初以鲜红的果实作为庭院观赏用，后来才逐渐开始食用。番茄约在明代万历年间传至我国。番茄既是菜中佳味，又是果中美品，被称为“菜中之果”，人们常常把它当作水果食用。番茄中有丰富的胡萝卜素、维生素B族及芦丁和番茄红素等特有成分。

### >> 广受喜爱的辣椒

辣椒俗称“辣子”“唐辛”，含有人体必需的多种维生素、矿质元素、纤维素、糖类、

逢雪宿芙蓉山主人

刘长卿

日暮苍山远，天寒白屋贫。
柴门闻犬吠，风雪夜归人。

蛋白质等，内含的维生素是茄子的35倍，堪称“蔬菜之冠”。我国西南大部分地区温湿多雨，人们特别爱吃辣椒，辣椒已成为人们一日三餐不可或缺的佐料。在国外，印度人称辣椒为“红色牛排”，墨西哥人甚至将辣椒视为国食。

## 著名的“饭瓜”——南瓜

南瓜别名“饭瓜”，起源于中美洲、南美洲。我国早在李时珍的《本草纲目》里就已经有了关于南瓜的记载。南瓜在食用方面的多样性在蔬菜作物中是首屈一指的，最突出的是南瓜可以作为主食，是名副其实的饭瓜。南瓜不仅有较高的食用价值，而且有着不可忽视的食疗作用。南瓜富含淀粉、蛋白质、胡萝卜素、维生素B、维生素C和钙、磷等成分。

## 色泽翠绿的黄瓜

黄瓜别名“王瓜”“胡瓜”“刺瓜”，为葫芦科一年生植物黄瓜的果实。全国各地均有栽培。

黄瓜以其色泽翠绿，肉质鲜嫩，清脆爽口，清香甘甜而深受人们的喜爱。黄瓜最初为野生，瓜带黑刺，味道非常苦，不能食用，后经过长期的栽培、改良，才成为现在脆甜可口的黄瓜。

## 根系强大的丝瓜

丝瓜为葫芦科植物丝瓜的鲜嫩果实。丝瓜原产印度，我国华南、华中、华东、西南各省均普遍栽培。

丝瓜根系强大，茎蔓性，五棱、绿色、主蔓和侧蔓都生长繁茂，茎节具分枝卷须，易生不定根。优质的丝瓜瓜身饱满、匀称，果柄光滑，瓜身稍硬，果皮有柔软感而无光滑感，手握瓜尾部摇动有震动感。丝瓜为夏季蔬菜，以嫩瓜供食用，适合炒食、做汤等。

丝瓜在瓜类食物中所含各类营养较高，所含皂苷类物质、丝瓜苦味质、黏液质、木胶、瓜氨酸、木聚糖和干扰素等特殊物质具有一定的特殊作用。

## 美味可口的茄子

茄子被江浙人称为“六蔬”，广东人称之为“矮瓜”，为茄科植物茄的果实。全国大部分地区均有栽培。

茄子有绿皮茄、紫茄等品种，成熟时不论绿色或紫红色果实均转为棕黄色，形状上有圆形、椭圆形、梨形等。茄子是一种典型的蔬菜，根据品种的不同，吃法多样。茄子的吃法荤素皆宜，既可炒、烧、蒸、煮，也可油炸、凉拌、做汤，都能烹调出美味可口的菜肴。

茄子含有蛋白质、脂肪、糖类、维生素以及钙、磷、铁等多种营养成分。

### ABC 洋话天天说

A：Knock it off! I am trying to study.

B：Sorry，I didn't know that you are studying.

A：别吵了，我正在学习。

B：对不起，我不知道你在学习。

## 四季能栽培的芸豆

芸豆学名“菜豆”，为蝶形花科菜豆属植物。芸豆原产美洲的墨西哥和阿根廷，我国在16世纪末才开始引种栽培。芸豆属短日性蔬菜，但多数品种对日照长短要求不严格，四季都能栽培，故有“四季豆”之称。芸豆可分蔓生种、矮生种两类，蔓生种需搭棚架，又称“架豆”。

芸豆为家常菜蔬，可煮可炖，也是制作糕点、豆馅、甜汤、豆沙的优质材料。

## 荚果细长的豇豆

豇豆为豆科植物豇豆的嫩荚壳及种子，俗称“角豆”“姜豆”“带豆”。豇豆分为长豇豆和饭豇两种。豇豆对土壤的适应性广，只要排水良好，土质疏松的田块均可栽植。豇豆豆荚柔嫩，结荚期要求肥水充足。

豇豆茎有矮性、半蔓性和蔓性三种。南方栽培的以蔓性为主，矮性次之。一般只结两荚，荚果细长，长30～70厘米，色泽有深绿、淡绿、红紫或赤斑等。豇豆多用于烹饪，可清炒，可凉拌，也可拌入青椒等辅助材料煎炒，亦作为各类汤粉类食物的佐料。

豇豆含有易于消化吸收的蛋白质，还含有多种维生素和微量元素等。

**题目**：菜田锄草灌水（打一字）

**答案**：潘。

## 豆粒圆润的豌豆

豌豆为豆科植物豌豆的种子，原产亚洲西部、地中海地区和埃塞俄比亚、小亚细亚西部。因其适应性很强，故在全世界分布很广。在我国豌豆已有 2000 多年的栽培历史，现在各地均有栽培。

豌豆嫩苗色青，其梢头可做蔬菜。豌豆种子的形状因品种不同而有所不同：大多为圆球形，还有椭圆、扁圆、凹圆、皱缩等形状。颜色有黄白、绿、红、玫瑰、褐、黑等。

豌豆既可做蔬菜炒食，又可将成熟后的籽实磨成豌豆面粉食用。因豌豆豆粒圆润鲜绿，十分好看，故也常被用来作为配菜，以增加菜肴的色彩，促进食欲。

## 长得像刀的扁豆

扁豆为豆科植物扁豆的嫩荚壳及种子，全国南北各地都有栽培。一般种在房前屋后篱笆隙地，秋季豆熟时收摘，可以食用。

扁豆茎为蔓式，由于扁豆形状扁平弯曲，像一把刀，所以人们也叫它“刀豆”。扁豆长度约 10 厘米。

扁豆最为突出的营养特点是蛋白质含量高，每 100 克扁豆含蛋白质达 2.8 克以上，比茄子、芹菜、菜花的含量都高，是白菜、柿子椒、番茄、黄瓜的 2 ~ 4 倍。

火锅店为了招揽生意，在门口广告牌上写道：“自助火锅，每位 40 元，身高 1 米 4 以下的儿童免费。”幼儿园的阿姨看后无比高兴，领着班上的 20 名小朋友就去了。

## 我来考考你

1. 能当水果吃的蔬菜是（　　）。
   A. 胡萝卜　　B. 辣椒　　C. 西红柿
2. 既能当菜又能当饭的蔬菜是（　　）。
   A. 南瓜　　B. 马铃薯　　C. 冬瓜

# 菌类

菌类植物结构简单，没有根、茎、叶等器官，一般不具有叶绿素等色素，大多营异养生活。食用菌的特点为高蛋白、无胆固醇、无淀粉、低脂肪、低糖、多膳食纤维、多氨基酸、多维生素、多矿物质。菌类和人类的关系极为密切，大多可食用或医用。

## 素中之荤——黑木耳

黑木耳是著名的山珍，为木耳科植物木耳的子实体。生长于栎、杨、榕、槐等120多种阔叶树的腐木上，单生或群生，以生长在榆树上的木耳为佳品。黑木耳分野生的和人工栽培的，目前人工培植以段木和袋料的为主。我国的黑木耳培植方法，在世界农艺、园艺、菌艺史上，都堪称一绝。

黑木耳子实体胶质，呈圆盘形，耳形或不规则形，直径3～12厘米。新鲜时软软的，干后成角质。口感细嫩，风味特殊，是一种营养丰富的著名食用菌。

黑木耳不仅色泽黑褐，质地柔软，而且味道鲜美，营养丰富，可素可荤。中国老百姓对黑木耳久食不厌，有“素中之荤”的美誉，被西方称为“中餐中的黑色瑰宝”。

### 古从军行

李颀

白日登山望烽火，黄昏饮马傍交河。
行人刁斗风沙暗，公主琵琶幽怨多。
野营万里无城郭，雨雪纷纷连大漠。
胡雁哀鸣夜夜飞，胡儿眼泪双双落。
闻道玉门犹被遮，应将性命逐轻车。
年年战骨埋荒外，空见蒲萄入汉家。

## 菌中之冠——白木耳

白木耳又称“银耳”“雪耳”“白木耳子”等，为白木耳科植物白木耳的子实体。野生的夏秋季生于阔叶树腐木上。全国大部分地区均有栽培。目前国内人工栽培使用的树木为椴木、栓皮栎、麻栎、青刚栎、米槠等100多种。

新鲜的白木耳为胶质，白色或米黄色，半透明，柔软有弹性，形似菊花形、牡丹形或绣球形。干后收缩，角质，硬而脆。

白木耳有“菌中之冠”的美称。白木耳最宜于凉拌，但是凉拌前要将白木耳入水汆一下。白木耳的营养成分相当丰富，含有蛋白质、脂肪和多种氨基酸、矿物质。

## 席上奇馔——地耳

地耳又称“地木耳”，为念珠藻科植物葛仙米的藻体。地耳在全世界都有分布，适应性很强。我国主要产于西南及西北各地，但产量极低。

地耳是真菌与藻类结合的一种共生植物。其结构非常简单，分不出根、茎、叶，也无花无果。地耳是一种名副其实的野生蔬菜，色味形俱佳，口感甚佳。它似黑木耳之脆，但比黑木耳更嫩；如粉皮之软，但比粉皮为脆；润而不滞，滑而不腻，有一种特有的爽适感。

在食用菌王国中，地耳虽没有黑木耳、白木耳那样名贵，然而古往今来，它是人们特别喜爱的美食，堪称席上奇馔。其食用方法很多，可炒食、凉拌、熘、烩、做羹等，可荤可素，味道均佳。地耳含丰富的蛋白质、钙、磷、铁等，可提供多种营养成分。

## 稀有的山珍——石耳

石耳又称“石木耳”，因其形似耳而得名，为石耳科植物石耳的地衣体。我国南方、西南及陕南山区均产，生于悬崖峭壁上的向阳面阴湿石缝中。石耳又是一种稀有的名贵山珍，黄山的石耳被称为“黄山三石”之一。全年可采，采后阴干食用。

石耳为地衣体单片型，幼小时正圆形，长大后为椭圆形或稍不规则，上面褐色，背面被黑色绒毛，直径12～18厘米，革质。石耳干制品用时需先用沸水加少许盐泡发，泡软后轻轻揉搓，将细沙除净，然后磨去背面毛刺。因其自身无显味，故制作菜肴时须与鲜味原料相配。石耳含有高蛋白和多种微量元素。

## 历史悠久的平菇

平菇又名“瓶菇”“耳菇”“杨树菇”，是担子菌门下伞菌目侧耳科的一类，是种相当常见的灰色食用菇。人们以平菇为菜，历史悠久。唐宋时期，它是宫廷菜，名为“天花菜”“天花蕈”。南宋时人们以平菇作为礼物馈送。元代可拿到市场上与细绢进行交换。现如今，平菇是栽培广泛的食用菌。

平菇十分常见，可以炒、烩、烧。平菇口感好、营养高、不抢味，但鲜品出水较多，易被炒老，须掌握好火候。平菇含有多种维生素及矿物质。

A：Well done. You have done a good job.

B：Thank you！

A：干得好！你的工作做得很好。

B：谢谢！

## 美味包脚菇——草菇

草菇是一种腐生性真菌。草菇问世的历史较短，清朝才出现，但问世不久就进贡皇家，充作御膳，据说慈禧对它“十二分的喜欢”。由于它肥大、肉厚、柄短、爽滑，味道极美，故有“兰花菇”“美味包脚菇”之称。草菇是一种重要的热带亚热带菇类，是世界第三大栽培食用菌。我国草菇产量居世界之首，主要分布于华南地区。

草菇由菌盖、菌柄、菌褶、外膜、菌托等构成。草菇幼时为黑色，后变成鼠灰色乃至白色。鲜草菇肉质肥嫩，风味鲜美，是宴席上的美味佳肴。鲜草菇营养丰富，特别是含有大量的维生素C，远远超过一般蔬菜的维生素含量，还含有丰富的其他营养成分。

## 菇中珍品——口蘑

口蘑又称“松蘑”“松茸”“鸡丝菌”。口蘑一般生长在有羊骨或羊粪的地方，味道异常鲜美。由于蒙古口蘑土特产以前都通过河北省张家口市输往内地，所以被称为“口蘑”。口蘑历史悠久，相传在元朝皇家食用的“春盘面”就是以它为佐料。在日本，口蘑被视为菇中珍品，经济价值很高。

口蘑实体群生，并形成蘑菇圈，中等至较大。菌盖半球形至平展。菌肉白色，很厚，有香气。菌褶亦为白色。

**题目**：尾巴长，毛茸茸，体形娇小爱上树。（打一动物）
**答案**：松鼠。

菌柄比较粗壮，基部稍膨大。

因为口蘑肉肥厚，香气浓郁，味道鲜美，所以是一种名贵的野生食用菌。在西藏地区，人们将它用火烤后蘸盐吃，味道很好。口蘑中蛋白质、脂肪、各种人体必需的氨基酸含量都很丰富，还含有丰富的维生素。

## 四大名菜之猴头菇

猴头菇是中国传统的名贵菜肴，为齿菌科植物猴头的子实体，分布于黑龙江、吉林、内蒙古、河南、甘肃、青海、广西、湖南、四川、西藏等地；既有野生，也有人工栽培，大小兴安岭出产的比较有名。山西省中条山原始森林历史上盛产猴头，驰名中外，被誉为“晋地山珍”。

猴头菇子实体圆而厚，新鲜时白色，干后呈浅黄至浅褐色，基部狭窄或略有短柄，上部膨大，直径 3.5 ~ 10 厘米，远远望去似金丝猴头，故称“猴头菇”，又像刺猬，故又有“刺猬菌”之称。

猴头菇与熊掌、鱼翅、海参合称四大名菜，有“山珍猴头、海味燕窝”之称。用猴头菇做出来的菜，菌肉鲜嫩，香醇可口。“红焖猴头”还是满汉全席的“八珍”之一。

## 似金针菜的金针菇

金针菇学名毛柄金钱菌，为白蘑科真菌冬菇的子实体。因其菌柄细长，似金针菜，故称“金针菇”。金针菇在自然界广为分布，俄罗斯、欧洲、北美洲、澳大利亚、中国、日本等地均有分布。

金针菇的子实体由菌盖、菌褶、菌柄三部分组成，多数成束生长，肉质柔软有弹性。菌肉白色，较薄，菌柄黄褐色。

金针菇以其菌盖滑嫩、柄脆、营养丰富、味美适口而著称于世，而且是凉拌菜和火锅的上好食材。其营养丰富，清香扑鼻而且味道鲜美，深受大众的喜爱。

**肚皮笑笑破**

星期天，爸爸带女儿到公园玩。看到很多小孩儿吃冰激凌，女儿说：“他们在吃冰激凌呢，吃冰激凌对牙齿不好，还会肚子疼，我不吃。”

爸爸心想这孩子还挺懂事，高兴地说：“今天你表现真好！爸爸要奖励你，想吃什么？”

女儿马上说：“冰激凌。”

## 真菌皇后——香菇

香菇又称“香蕈”“冬菇”，是世界第二大食用菌，也是我国特产之一，在民间素有“真菌皇后”之称。香菇为侧耳科植物香蕈的子实体，包括菌盖及柄两部分。其产于我国长江以南，一般为人工培养，也有野生，现在我国北方地区也有人工栽培的。

香菇子实体单生、丛生或群生，子实体中等大至稍大。用其做菜味道鲜美，香气沁人，营养丰富。

香菇是一种高蛋白、低脂肪、低热量的菌类食物，含 16 种易为人体吸收的氨基酸和 30 多种酶，钙、磷含量也较高。

### 我来考考你

1. 你知道的菌类蔬菜有哪些？
2. ______ 与熊掌、鱼翅、海参合称四大名菜，有“山珍猴头、海味燕窝”之称。

# 第七章 实用植物

有一类植物，在人们的日常生活中占有很重要的地位，它们要么是人们的生存之本，要么是人们重要的收入来源，要么是人们提高生活环境质量的桥梁。这类植物广泛地渗透在人们的日常生活中，成为人们生活中不可缺少的一部分。下面，就让我们来看看，到底都有哪些实用植物吧！

## 生存必需的粮食作物

中国13亿人口中有6亿多是农民，他们年复一年辛勤耕耘的农作物既是人类的衣食之源，也与人们的日常生活和工农业生产息息相关。农作物是指农业上栽种的各种植物，包括粮食、油料、麻类、茶树、桑树、糖料、烟草、食用菌以及橡胶等热带植物。下面，就让我们来了解一下它们吧！

### 面粉的原料——小麦

**题君山**

雍陶

烟波不动影沉沉，碧色全无翠色深。
疑是水仙梳洗处，一螺青黛镜中心。

北方的同学平时常吃馒头，蒸馒头的面粉就是由小麦加工而来的。小麦是我国主要的粮食作物之一，是面粉的原料。小麦在我国各地都有分布，种植面积仅次于水稻。世界上半数以上的人口以小麦作为主要食物，全世界栽培小麦的面积超过任何其他作物。小麦籽粒含有丰富的淀粉、较多的蛋白质、少量的脂肪，还有多种矿质元素和维生素B。小麦按播种季节可分为冬小麦和春小麦。小麦品质的好坏，取决于蛋白质的含量与质量。一般来说，春小麦蛋白质含量高于冬小麦。

## 啤酒的原料——大麦

大麦别名“倮麦”“牟麦”“糯麦”“饭麦”“赤膊麦”，是人类栽培的最古老的作物之一。我国大部分地区有栽培，大部地区栽培的是冬大麦，主要分布于西藏、青海、甘肃、新疆、宁夏、四川西部、云南西北部、江苏等地。大麦的主要用途是生产啤酒，籽粒也可以用于做汤、做粥、做面包等。

大麦含有丰富的蛋白质、脂类及糖类、消化酶、多种矿物质，其胚芽中维生素 $B_1$ 的含量比小麦多。大麦皮俗称麦麸，为麦子加工时脱下的麸皮，是一种高纤维食物。

## 高产的粮食——玉米

玉米又名“玉蜀黍”，俗称“苞米”“棒子”“珍珠米”等，是我国北方的主要粮食作物，亩产量相当高，是理想的粮食作物。玉米茎秆粗壮，有节，中间不中空，离地面的茎上有许多不定根。玉米的叶梢包茎，叶片狭长，边缘波浪状，表面有绒毛。玉米粒是玉米的果实，植物学上叫作颖果。玉米的籽粒含糖类70%以上，还有一定的蛋白质、脂肪、钙、铁等元素，营养成分优于大米、白面。玉米籽粒不仅可以食用，还可以制造酒精、糖等，茎、叶可做饲料。

**ABC 洋话天天说**

A：Good night，everybody.

B：Good night，Jill！Have a sweet dream.

A：晚安，各位。

B：晚安，吉尔，做个好梦！

## 大米的原料——稻谷

稻的果实称为“稻谷”，稻谷是世界上主要的谷物和商品粮之一，是大米的原料。稻谷在我国具有悠久的种植历史，且种植面积相当大。经数千年的种植与选育，全国稻谷品种繁多，据不完全统计，全国稻谷品种达4万～5万个。按水稻要求的水分条件分为水稻和陆稻（旱稻）。水稻适于水田生长，陆稻适于旱地生长。水稻比陆稻产量高，食味好，我国主要栽培水稻，按稻谷生育期和收获季节分为早稻、中稻和晚稻。

**题目**：红衣裳，蓝衣裳，两支军队在打仗，马不吃草，兵不吃粮。（打一玩具）

**答案**：象棋。

## 五谷之首——谷子

谷子脱壳后叫“小米”“糯秫”“糯粟”“粟米”等。小米原产于中国，在山东、河北、东北各地都有种植。小米粒小，卵圆形，色泽乳白或淡黄，分为粳性小米、糯性小米和混合小米。

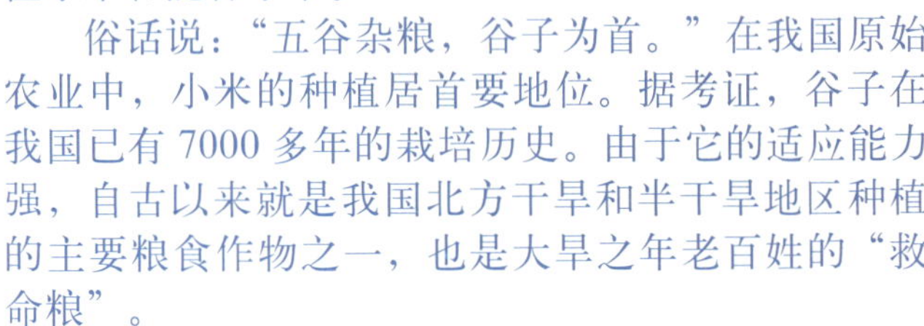

俗话说：“五谷杂粮，谷子为首。”在我国原始农业中，小米的种植居首要地位。据考证，谷子在我国已有7000多年的栽培历史。由于它的适应能力强，自古以来就是我国北方干旱和半干旱地区种植的主要粮食作物之一，也是大旱之年老百姓的“救命粮”。

小米除了可以食用之外，还可以酿醋、酿酒，山西陈醋的主要原料就是小米，五粮液、汾酒以及南方人喜欢喝的小米黄酒、日本人爱喝的清酒，主要原料也是小米。

### 肚皮笑笑破

小舟是一个聪明可爱的孩子，他在班里最爱回答老师的问题。

有一次，老师又向同学们提问：“同学们，你们谁知道世界上有多少个国家呀？”班里的同学们，你看看我，我看看你，谁也回答不出。

小舟转了转眼珠，举起手回答：“我知道！”老师高兴地对小舟说：“那你说说都有哪些国家呢？”小舟大声说：“有两个国家，中国和外国！”

## 铁杆庄稼——高粱

高粱是被群众誉为“铁杆庄稼”的高产作物，是世界四大谷类作物之一，收获面积和总产量仅次于小麦、水稻、玉米而居第四位。高粱喜欢温暖的生长环境，抗旱能力和耐涝能力相当强，具有顽强的环境适应能力。高粱籽粒淀粉含量高达78%，比玉米还高5%左右。它的茎秆可榨汁熬糖，农民叫它“甜秫秸”。

### 我来考考你

1. 你知道的粮食都有哪些？
2. 大米的原料是______，面粉的原料是______。
3. “五谷杂粮”中为首的是______。

   A. 高粱　　B. 玉米　　C. 谷子

# 种类丰富的经济作物

经济作物是农民的一项重要收入来源。经济作物通常具有经济价值高、技术要求高、商品性强等特点。经济作物种类繁多，有纤维作物、油料作物、糖料作物、饮料作物、药用作物等。下面，就让我们来认识一下比较常见的经济作物吧！

**桃花溪**

张旭

隐隐飞桥隔野烟，石矶西畔问渔船。
桃花尽日随流水，洞在清溪何处边。

**洋话天天说**

A：Could I use your computer?
B：Sure!
A：我能用你的电脑吗？
B：当然可以。

## 能当油料的大豆

大豆原产于中国，是一种重要的经济作物。大豆中含有丰富的蛋白质和脂肪，是世界上公认的含植物蛋白质最多的农作物。大豆可直接食用，还是重要的榨油原料，我们所吃的豆油就是用大豆榨出来的。大豆还可加工成各种豆制品，如豆腐、豆浆、豆腐皮、豆腐乳等。大豆中还有胡萝卜素、硫胺素、核黄素、尼克酸等为人体所必需也最容易吸收的营养素。

## 地下结果的花生

世界上结果习性最奇特的植物是花生。陆地上的植物，几乎都是在地上开花，地上结果，但花生却是地上开花，地下结果，所以人们又叫它“落花生”。而且花生一定要生活在黑暗的环境里，它的果实才能长大。如果暴露在有光的空气中，它就不结果。花生果具有很高的营养价值，内含丰富的脂肪和蛋白质，又称为“长生果”。花生是一种理想的经济作物，它既可以用来加工成各种食品，还可以榨油，具有很高的经济价值。

**思维对对碰**

**题目**：麻屋子，红帐子，里面住个白胖子。（打一干果名）

**答案**：花生。

贝贝最爱吃鱼，妈妈说她像一只贪吃的小花猫。妈妈每次都会把择掉鱼刺的鱼放到贝贝的碗里，贝贝吃得可香了。

这一天，贝贝来到姑姑家做客，姑姑热情地款待贝贝，并且做了鱼给贝贝吃。姑姑夹起鱼放到了贝贝的碗里，说："姑姑知道你爱吃鱼，今天做的鱼可香了，快尝尝。"

贝贝迫不及待地吃了起来，边吃边说："这鱼真好吃，要是不放刺就更好了。"

### 用途广泛的荞麦

荞麦别名"甜麦""乌麦""玉麦""花麦""三角麦""棱麦"，在我国各地都有栽培，有时为野生，生在荒地或路旁。荞麦种子含有丰富的淀粉，具有较高的营养价值，是一种理想的经济作物。荞麦蛋白是荞麦中的主要生物活性成分，它具有特殊的结构、生理功能以及加工功能特性，在食品加工中有着广泛的应用前景。

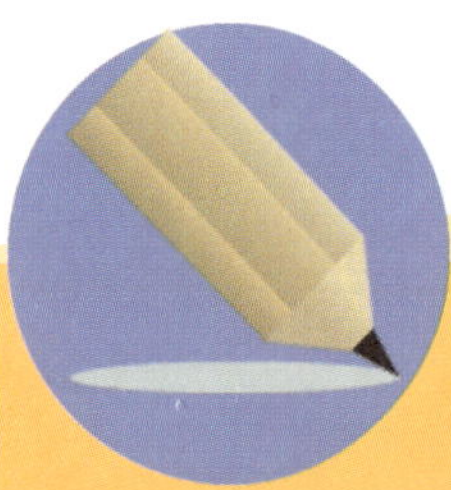

**我来考考你**

1. 你知道的能榨油的植物都有哪些？
2. 在地上开花，地下结果的是什么作物？？

## 色彩美观的园林植物

园林植物是指适用于园林绿化的植物材料。它们适用于园林、绿地和风景名胜区的防护与美化，是园林绿化的骨干植物。下面，就让我们来认识几种常见的园林植物。

### 姿态挺拔的雪松

雪松是世界著名的庭园观赏树种之一，它具有较强的防尘、减噪与杀菌能力，是工矿企业常栽种的绿化树种。雪松原产于喜马

**题都城南庄**

崔护

去年今日此门中，人面桃花相映红。
人面不知何处去，桃花依旧笑春风。

拉雅山西部，现在中国长江流域各大城市中多有栽培。雪松是常绿大乔木，可高达 60 ~ 80 米，树干直径 3 ~ 4.5 米。大的枝干一般比较平展，不规则绕树轮生，小枝干则略下垂。树皮灰褐色，蓝绿色叶针。叶在长枝上为螺旋状散生，在短枝上簇生。雪松抗寒性较强，对土壤要求不严，酸性土、微碱性土均能适应，深厚肥沃疏松的土壤最适宜其生长。分布在暖温带和亚热带地区，在我国长江中下游一带生长得最好。国外的雪松品种主要有短叶雪松、北非雪松和黎巴嫩雪松等。

## 树形优美的千头柏

千头柏又名“凤尾柏”，是丛生常绿灌木。植株高可达 3 米左右，树冠为圆形，树形优美，是良好的绿化树种。千头柏适应性强，对土壤要求不严，但需排水良好，否则容易导致植株烂根。千头柏喜光，应栽种于光照充足处，过度遮阴容易使植株枝叶稀疏。

## 枝叶细密的馒头柳

馒头柳是落叶乔木，它的形状是典型的儿童画中的树的形状。孩子们画树总是先画一根直直的树干，再画上一个圈，再添上几根树枝，最后在圆圈里涂上绿色，在树干和树枝部位涂上赭色。馒头柳长得就是这样，像个带柄的馒头。

馒头柳在东北、华北、西北、华东等地的园林中很常见，常被人们当作庭阴树、行道树、护岸树、街路树来种植。馒头柳绿得很早，正月过去不几天就开始泛绿，二月底三月初，馒头柳的树头就已经绿全了，而它身边高大的白杨以及其他许多树还没有从冬眠中醒来。馒头柳枝叶很密，所以它绿得很扎实，没有一点儿虚张声势的成分。

洋话天天说

A：Mary is not coming.
B：Why?
A：玛丽还没来。
B：为什么？

## 造型奇特的龙爪槐

龙爪槐枝条弯曲下垂，树冠常修剪成伞状，

是很好的绿化树种，常被应用于公园和道路两旁的绿化，形成一道美观别致的风景。

龙爪槐的伞状造型若想达到理想的形状和大小，修剪至关重要，其中包括夏剪和冬剪，一年各一次。夏剪在生长旺盛期间进行，要将当年生的下垂枝条截短 2/3 或 3/4，促使剪口发出更多的枝条，扩大树冠。到了冬季，龙爪槐的叶子落掉，交错的枝条可以看得更清楚，这时首先要调整树冠，用绳子或铅丝改变枝条的生长方向，将临近的密枝拉到缺枝处固定住，使整个树冠枝条分布均匀，然后剪除病死枝以及内膛细弱枝、过密枝。

**题目**：土上有竹林，土下一寸金。(打一字)
**答案**：等。

## 树势挺拔的棕榈

棕榈是国内分布最广、栽培历史最长的树木之一，为常绿乔木。树干耸直不分枝，棕色树皮，伞形树冠，植株可高达 15 米。棕榈树常被栽于庭院、路边及花坛之中，树势挺拔，叶色葱茏，适于四季观赏，是比较常见的一种园林树木。棕榈喜温暖湿润、光照好的气候条件，耐寒性极强，可忍受 −14℃的低温。棕榈浑身是宝，木材可以用于制造器具、提供棕纤维，叶可制扇、帽等工艺品。

## 风情独特的桧柏

桧柏又名“圆柏”，为常绿乔木，可高达 20 米。桧柏树形优美，青年期呈整齐的圆锥形，老树则干枝扭曲，奇姿古态，风情独特，是古典民族形式庭院中不可缺少的观赏树，最适宜与宫殿式建筑相配合。我国自古以来就多把桧柏配植于庙宇、陵墓做柏林或墓道树。桧柏在普通庭院中也用途极广，可用作侧阴处

胖胖是个最爱睡懒觉的同学。每次妈妈叫他起床他都不听话。这天，学校组织大家去动物园参观，由于路远，所以就吩咐大家明天都要早早起床集合，然后坐车去动物园。

第二天，妈妈早早地做好了饭，然后就叫胖胖起床。妈妈说："快点起来！小宝贝，公鸡都叫好几遍了！"

胖胖连眼睛都没睁开，就回答道："公鸡叫和我有什么关系？我又不是母鸡！"

的绿篱。桧柏材质致密坚硬，美观而有芳香，可用作图板、棺木、铅笔、家具或建筑的材料。各地栽培的桧柏品种很多，最常见的有球桧、金叶桧、金心桧、龙桧、鹿角桧、塔桧等。

## 常年翠绿的万年青

万年青是一种常年翠绿的植物，别名"铁扁担""冬不凋""九节莲"，为百合科万年青属多年生常绿草本植物。原产中国和日本。在我国分布较广，华东、华中及西南地区均有栽培，主要产在浙江、江西、湖北等地。

万年青为根状茎，叶为基生，矩圆形或倒披针形，穗状花序，花小且密集，花白绿色。万年青叶片宽大苍绿，浆果殷红圆润，非常美丽，历来是一种观叶、观果兼用的园林植物。

万年青在中国人眼里代表着吉祥如意、家庭富有、国家太平的美好寓意。人们还常常用万年青形容老人，希望他们身体健康。万年青终年翠绿常青、生机勃勃，所以一般在老年人的大寿之时儿孙们都会献上一盆万年青以祝愿老人家能够如万年青一般健康和长寿，希望老人身体硬朗，如万年青一般年轻。

## 寓意美好的发财树

发财树别名"瓜栗""马拉马栗""中美木棉"，为木棉科瓜栗属常绿小乔木。原产于中南美洲热带和亚热带地区，作为木本油料植物引入我国，在台湾、广东、广西、福建等地均有种植。发财树的花语为财源滚滚、兴旺发达、前程似锦。

发财树株高可达 8 ~ 15 米，茎干膨大，并按照 3、5、8 株互相缠绕的方式编成辫子状；叶由 4 ~ 8 片小叶共组成掌状复叶，互生，有长柄；花为大朵绿白色花；果为拳头大的蒴果。发财树除具有较高的观赏价值外，其还能吸收硫、苯等有害物质，能起到净化空气的作用。

发财树常被用作园林观赏植物，室内观赏多作桩景式盆栽，为加速成长可先地栽，后上盆。

## 我来考考你

1. 你知道的园林植物都有哪些？
2. 你觉得最好看的园林植物是（　　）。
   A. 桧柏　　B. 棕榈　　C. 雪松